KB069183

하브루타 자존감 수업

하브루타 자존감 수업

초 판 1쇄 2023년 02월 22일

지은이 배수경
펴낸이 류종렬

펴낸곳 미다스북스
총괄실장 명상완
책임편집 이다경
책임진행 김가영, 신은서, 임종익, 박유진

등록 2001년 3월 21일 제2001-000040호
주소 서울시 마포구 양화로 133 서교타워 711호
전화 02) 322-7802~3
팩스 02) 6007-1845
블로그 http://blog.naver.com/midasbooks
전자주소 midasbooks@hanmail.net
페이스북 https://www.facebook.com/midasbooks425
인스타그램 https://www.instagram/midasbooks

ISBN 979-11-6910-163-9 03590

값 15,000원

아이를 단단한 어른으로 키우는 비밀

하브루타 자존감 수업

배수경 지음

★★★★★
하브루타
부모교육연구소
추천도서

엄마의 고민을 덜어주는 우리집 하브루타 활용법

미다스북스

하브루타 부모교육연구소 소장, 메타인지 교육협회 이사장 **김금선**

하브루타 교육이 우리 교육에 뿌리를 내린 지 10년이 넘었다. 초기 많은 공교육 교사들과 교육지원청 산하 공공기관에 하브루타를 알리는 데 애써왔다. 감사하게도 많은 교사들이 적극적으로 배우시고 교실에 적용하거나 연구모임을 통해 꾸준히 연구하고 계신다. 선생님들의 연구 결과는 책과 논문으로 출간되고 있다.

부모교육에 참여하신 배수경 선생님도 초등교사이면서 두 아이를 키우는 엄마이기에, 교실에서 선생님으로서 겪었던 고민과 엄마로서 품어온 고민이 책 안에 묻어난다. 선생님도 부모로서 하는 고민을 할 수밖에 없었다. 특히 일하는 부모라는 입장에서 어려움도 컸고 해결하는 과정도 녹록지 않으셨다. 자녀를 잘 키우고 싶은 마음은 모두에게 숙제이기도 하다. 자녀교육의 어려움을 하브루타를 만나서 조금씩 해결해나가는 모습이 구구절절 모든 부모에게 와닿는 내용이다. 선생님 이전에 엄마라는 입장에 이해를 넘어 공감하게 되고, 같이 방법을 찾아가는 느낌이 든다.

부모는 자녀에게 무엇이 되라고 지시하는 위치가 아니라 같이 고민하고 소통하는 자리이다. 한 걸음 앞서 걸어가면서 안내하며 길잡이가 되는 역할이다. 가끔은 멈추어 서로를 바라보고 갈등을 해결하기 위해 애쓰는 과정을 만난다. 이 속에서 깊은 공감과 소통을 통한 감성 질문이 부모와 자녀에게 긍정적인 상황과 성장의 시간이 된다. 가정에서 부모가 해줄 수 있는 가장 큰 선물은 아이의 자존감을 키우는 환경을 만들어주는 것이다. 하브루타로 자녀 자존감 수업을 가능하게 하는 이 책이 많은 부모에게 큰 도움이 되리라 확신한다. 교사로서, 부모로서 두 역할에 고민하시고 실천하시는 모습에 큰 박수를 보낸다.

신동탄 지구촌교회 담임목사 **박춘광**

'100명이 있다면 100개의 대답이 있다.' 아이들 육아에서 핵심이 되는 말이다. 이 책은 초보 엄마의 인생 분투기다. 하지만 이 책은 한 아이의 엄마로서 가장 나다운, 나만의 해답을 찾을 수 있는 귀한 책이다. 지금 내 아이에 대해서 고민하는 분, 정말 내 아이를 잘 키우고 싶은 분들에게 꼭 이 책을 권하고 싶다.

메타인지 교육협회 부이사장 **임성실**

아이들을 위해 엄마의 자리를 찾고자 고민했던 순간 하브루타를 만나 저자만의 해답을 찾았다. 이제 『하브루타 자존감 수업』은 아이들을 위한 엄마의 무조건적인 희생이 아니라 아이들에게 자기 주도적인 생각과 삶의 주역으로 살아가는 방법을 스스로 알아가게 하는 자녀교육의 지침서가 될 것이다.

『밀알샘 자기경영노트』 저자 초등교사 **김진수**

어른들은 아이와 소통하기 위해 보통 눈높이를 낮춘다고 합니다. 여기에 더 한 가지 필요한 것이 있다면 마주보기입니다. 하브루타는 그 마주보는 힘을 만나게 해줍니다. 아이들과의 소통을 통해, 무엇보다 자신과의 소통을 통해 가장 나다운 길을 만나게 해주는 하브루타. 일상 속에 담겨 있는 하브루타의 비결을 이 책을 통해 만나봅니다.

『나는 혁신학교 교사입니다』, 『배움의 시선』 저자 중등교사 **배정화**

교육이라는 거대 담론을 저자가 경험한 하브루타로 쉽게 풀어내어 앞으로 우리의 교육이 가야 할 방향까지 알려주는 책이다. 실패하지 않기 위해 하나의 정답만을 가르치는 것이 아니라 모든 삶에는 저마다의 가치가 있다고 말하는 저자의 교육철학은 현재 우리가 무엇을 위해 그토록 달리고 있는가를 계속 반문하게 했다. 교육의 기본이 되는 가정에서부터 하브루타로 실천하는 지혜로운 이야기들을 마주하며 다시금 엄마의 자리, 교사의 역할을 성찰할 수 있는 귀한 시간을 선물 받았다.

『엄마를 위한 미라클모닝』 저자 초등교사 **최정윤**

누구나 처음 부모가 되기에, 수없이 시행착오를 겪는다. 난관을 만나면 좌절과 아픔을 느끼기도 한다. 부모라면 한 번쯤 겪을 만한 문제상황

앞에서 저자는 '하브루타'를 활용해 위기를 극복해나갔다. 이 책은 가정의 정서를 리모델링하고, 아이의 자존감을 높이는 방법으로서의 '하브루타' 활용을 안내하고 있다. '하브루타'가 무엇인지 모르는 부모일지라도 저자의 이야기를 따라가다 보면 '나도 할 수 있겠다'는 자신감이 생길 것이다. 책을 읽으며, 우리 가정에 관통해야 할 가치를 바로 세우는 계기가 되기를 바란다. 마음을 열고 눈빛으로 교감하며 대화하는 가정이 많아지기를 기대하며 이 책을 추천한다.

프롤로그

100명이 있다면 100개의 대답이 있다

겨울에 떠나는 여행은 겨울 여행만의 묘미가 있다. 설악산 권금성에 올라서 꽁꽁 얼어버린 폭포를 보았다. 겉모습은 하얀 얼음으로 뒤덮여 있지만, 그 속에 흐르고 있는 물줄기를 보았다. 멈춘 것이 아니라 흐르는 중이었다. 임용고사에 떨어지고 떠났던 겨울 여행에서 '멈춤의 미학'을 배웠다. 이 여행은 겉모습이 아니라, 내면의 새로운 모습을 볼 수 있는 시선을 선물했다.

한 가정을 이루고 네 식구가 함께 권금성에 다시 올랐다. 나에게 '멈춤의 미학'을 선물한 그 겨울 설악산이 이번에는 무엇을 선물할지 기대하며 케이블카에 올랐다. 밤새 폭설이 내리면서 설악산은 하얀 눈꽃을 피우고 있었다. 나뭇잎이 자취를 감춘 앙상한 마른 가지에는 하얀 눈꽃이 저마다의 모습을 자랑하고 있었다. 눈 덮인 산을 바라보며, 작은 탄성이 나왔다.

'산의 바닥, 산의 가장 낮은 곳, 산의 심장부라고 할까?'

무성한 잎들에 가려져 봄, 여름 내내 보지 못했던 산의 가장 낮은 바닥을 보게 되었다. 가을에 떨어진 낙엽이 조금씩 산의 밑바닥을 보여주기 시작하다가 이내 바싹 말라버렸다. 산은 생명을 잃은 듯 앙상함만이 남았다. 그런데 소복이 쌓인 하얀 눈은 산에게 말을 걸었다.

"잘 있었어?"
"응, 나 여기 있었어."

눈이 아니었다면 보지 못했을 산의 바닥이 말을 걸어온다. 내가 보고 있는 것이 전부가 아니라, 보지 못하고 있는 것이 있다는 것을 이야기한다. 겨울 여행은 '바라봄의 미학'을 선물했다.

눈 덮인 설산을 바라보며 보지 못한 것을 보는 눈이 생겼다. 꽁꽁 언 폭포 속에 흐르는 물을 보았다. 무성한 잎과 나뭇가지에 가려져 보이지 않던 산의 속살이 하얀 눈에 얼굴을 드러냈다. 멈추지 않았다면 볼 수 없었던 것을 보는 눈이 생겼다. 나에게 새로운 멈춤의 시간은 바로 휴직 기간이었다.

'100명이 있다면 100개의 대답이 있다.'

이 유대 격언은 100가지의 서로 다른 색깔을 인정해준다. 100가지의 빛깔을 있는 그대로 존중해준다. 내 생각이 옳다고 주장하기보다, '너의 생각이 그러하구나.' 하며 귀 기울일 수 있는 마음가짐이다. 아이를 바라보는 마음이 그러했다. 나의 한 가지 생각에 아이의 생각이 같아지기를 바라는 순간이 많았다. 넌 아직 어리기에 내 생각을 따라오라는 강요가 많았다. 하지만 아이의 생각을, 아이의 말을 있는 그대로 받아들일 수 있는 순간을 매일 만났다. 고무나무를 통해, 나팔꽃을 통해, 떨어지는 낙엽을 통해, 낮잠 자는 우리 집 고양이 루비를 통해, 날아가는 새를 통해 끊임없이 있는 모습 그대로의 메시지를 만났다.

나에게 멈춤의 시간은 계획된 커리큘럼이 없었지만, 그 어떤 커리큘럼보다 훌륭한 시간이었다. 스스로 찾아 나선 여정이었기에 더욱 값진 시간이었다. 마더 와이즈, 통독, 독서, 하브루타를 통해서 성장하는 시간이었다. 내가 스스로 길을 찾아 나섰던 것처럼 아이도 스스로 삶을 개척하기를 바란다.

엄마의 자리는 무엇인가에 대한 고민이 이렇게 출간까지 이끌었다. 좋은 엄마가 되고자 했지만, 매일 마주하는 현실 앞에서 더욱 겸손해지는 엄마의 이야기이다. 나의 시행착오가 초보 엄마의 걸음에 작은 도움이 되기를 기대하며 글을 쓰게 되었다. 끊임없이 질문하고 사색하고 토론하며 우리 가정만의 해답을 찾는 시간을 보냈다.

나와 비슷한 시기를 지나고 있는 엄마들에게, 우리 가정만의 해답을 찾아가는 여정을 보여주는 글이 되기를 기대한다. 자녀는 부모의 모습을 보고 자란다. 자녀를 위해서 부모의 삶이 희생되는 것이 아니라, 자녀와 함께 성장하는 이야기를 담았다. 소중한 시행착오의 기록을 하브루타로 풀어나갔다.

나는 단지 100개의 대답 중 하나를 말한다. 초등교사 16년이라는 나의 소개는 단 한 줄이지만, 그 속에는 16년의 세월이 함께하고 있다. 지나온 시간 동안 훌륭한 교사였는지 알 수 없으나, 그 시간은 학생들과 함께 보낸 희로애락의 검증을 지나왔음이 분명하다. 이 책을 통해 100개의 대답 중의 하나를 들려드리고자 한다. 어느 엄마의 고군분투 이야기를 읽으며 함께 작은 '도전'을 시도하기를 기대한다.

"어? 이 정도면 나도 할 수 있겠는걸."

나의 작은 도전이 또 다른 누군가의 작은 도전으로 이어지기를 꿈꾸어 본다. 여러분만의 '단 하나'를 찾아가는 시간이기를 기대한다. 나만의 해답을 찾아 나가는 여정이 되기를 소망한다.

2023년 새로운 봄을 기대하며

차례

2장

아이가 단단한 어른으로 자라길 바란다면

3장

왜 지금 하브루타 자존감인가?

4장

하브루타 자존감 수업 9가지 비밀

5장

집에서 시작하는 자존감 하브루타 실전 10

1장

다가오는 미래,
자존감이 핵심이다

01

하브루타로 가정을 리모델링하라

문이 활짝 열리며 익숙한 멜로디가 흘러나온다.

"따라라란 딴~ 따라라란 딴~ 자, 이렇게 바뀌었습니다."

"우와~! 여기가 우리 집 맞아요? 정말 감사합니다."

사연 신청자는 입을 가리며 커다란 눈동자로 놀라움과 감사를 표현한다. 이 장면이 생생하게 그려지는가? 예전에 큰 인기를 누렸던 〈러브하우스〉라는 프로그램의 한 장면이다.

최근에는 신애라, 이영자로 이어져온 〈신박한 정리〉가 바로 제2의 러브하우스가 아닐까 하는 생각이 든다. 저마다의 사연을 가진 신청자는 정리되지 못한 환경에서 지내던 삶에서 이 프로그램을 통해 변화된 집과 마주하게 된다. 기존 집의 구조를 그대로 유지한 채, 가구 배치, 동선 변화, 물건 정리만 했을 뿐인데 매주 놀라운 변화를 선물한다. 그리고 묘한 감정이 함께 몰려온다. 신청자들의 사연과 정리된 환경 속에서 깊은 울림이 퍼진다. 신청자가 스스로 정리하지 못했던 지난 삶을 돌아보고, 다시 새롭게 마음을 다잡는 장면에서 시청자도 함께 감동한다.

내가 유독 이 프로그램을 좋아하게 된 이유가 있다. 신규 3년 차 시절, 나에게 도서관 리모델링이라는 큰 업무가 떨어졌다. 아직 학급경영만으로도 벅차던 그 시절에 이 업무는 정말 힘들게 느껴졌다. 바닥 공사, 천장 공사, 내부 인테리어, 동선 정리, 휴식 공간 등 해야 할 일이 많았지만, 도무지 감이 잡히지 않았다. 그때 선배님의 가르침은 '사전답사'였다. 우수한 도서관 리모델링 학교를 찾아가서 배울 점을 찾아보는 것이 우선이라고 귀띔해주셨다. 우수한 도서관을 찾아보는 시간이 학생들이 자주 찾는 도서관 리모델링의 시작이었다. 이 경험은 이후에 영어 체험실, 상담실, 과학실 리모델링에서도 동일하게 적용되었다. 조금은 힘든 시간을 거치고 나면 낡고 허름한 공간이 학생들이 오래도록 머무르는 공간으로 바뀌었다.

이처럼 가정에서도 생각지 못한 때에 리모델링의 순간이 찾아온다. 나에게는 코로나 시기가 그랬다. 두 사람이 만나서 한 가정을 이루고 자녀를 양육하는 부모가 된다. 결혼 10년, 15년의 시간을 거치며 서로 의견을 조율하게 된다. 리모델링의 시기와 때는 가정마다 다를 수 있다. 하지만 분명한 것은 무엇을 모델로 삼을 것이냐 하는 것이다. 멘토 가정, 모델링하는 가정을 살피면서 우리 가정만의 색을 찾아 나가는 리모델링 시간이 필요하다. 나는 여러 다양한 멘토 가정의 모습 중에서 '유대인 가정'을 알아보기 시작했다. 나에게 가정 사전답사의 대상은 유대인이었다.

'그들은 도대체 누구이기에 세계 0.23%밖에 되지 않는 인구가 노벨상의 30%를 차지할 수 있다는 말인가? 유대인의 오랜 전통과 하브루타가 무엇이기에 오랜 세월 변치 않고 이어질 수 있는가?'라는 궁금함이 생겼다.

하브루타는 둘씩 짝을 이루어 토라와 탈무드에 대해 질문하고 대화하고 토론하고 논쟁하던 것에서 시작되었다. 서로 교사가 되고 학생이 되는 수평적인 양방향 공부 방법이다. 하브루타는 짝을 의미하는 '하베르'와 함께 끊임없는 대화를 나눈다. 짝과 함께 생각을 나누며 이야기하는 그 시간은 각자 몰랐던 생각을 일깨워주고, 편견에서 벗어날 수 있게 해준다. 서로의 창의적인 생각을 일깨워주는 것이 하브루타의 대화법이다.

하브루타는 그동안 익히 알고 있는 독서법이나 토론 수업이 아니었다. 하브루타는 그들의 삶 속에서 매일 반복되어 온 '대화의 현장', '삶의 현장'이었다. 자녀와의 끊임없는 대화를 통해 질문하고 생각하는 힘을 키워주는 대화가 하브루타이다. 독서토론으로 알고 있던 하브루타가 자녀를 향한 '관심과 사랑'임을 발견하게 되었다. 그리고 유대인의 정체성에 대해 알아갈수록 우리 가정만의 중요한 가치는 무엇인지 물음을 남겼다.

유대인의 정체성은 무엇인가?

베갯머리 대화, 식탁의 대화, 쩨다카(자선), 성인식(인격적 대우)을 통한 일상 하브루타의 실천이 유대인다운 삶의 초석이 되었다. 특히 '세상을 고친다'라는 의미의 티쿤올람은 유대인의 정체성이다. 티쿤은 '고친다'는 뜻이고, 올람은 '세상'이라는 뜻이다. '세상을 좋은 곳으로 바꾼다, 번영케 한다'는 뜻이다. 문제 속에서도 비전을 발견하는 정신이다. 코로나

19 백신의 주역은 대부분 유대인이다. 미국 화이자 최고경영자(CEO) 앨버트 불라가와 모더나 의료책임자 탈 작스가 대표적이다. 이스라엘이 가장 많은 백신을 확보할 수 있었던 이유도 유대계 백신 연구자들과의 인맥 덕분이었다는 분석이 있다. 현대 면역학을 개척한 프랑스의 엘리 메치니코프와 매독 치료제를 개발한 독일의 파울 에를리히도 유대인. 콜레라 백신(발데마르 하프킨)과 소아마비 백신(조나스 솔크) 개발자도 유대인이다. 유대인 가운데 의사나 의학 연구자가 많은 이유가 바로 '티쿤올람'에 있다.

이 정신은 단지 유대인만의 것일까? 우리가 익히 들어 온 '홍익인간(弘益人間)'은 어떠한가? '널리 인간을 이롭게 한다'의 기본 정신은 '티쿤올람'과 맞닿아 있다. 우리나라 정치 · 경제 · 사회 · 문화의 최고 이념으로, 윤리 의식과 사상적 전통의 바탕을 이루고 있다. "弘(넓을 홍) 益(더할 익) 人(사람 인) 間(사이 간)"은 『삼국유사(三國遺事)』「기이편(紀異篇)」에 실린 고조선(古朝鮮) 건국 신화에 나오는 말이다.

그동안 '단군왕검, 고조선, 홍익인간'은 그저 역사책의 제일 앞부분을 장식한 하나의 글자에 지나지 않았는가? 우리가 배우고 있는 역사의 한 줄을 직접 살아내 보이는 이들이 우리 주변에 분명히 있다. 역사책을 펼치고 나와는 상관없는 이야기라고 여기는 마음에서 나의 이야기로 바라볼 수 있는 시선을 우리 자녀들에게 심어줄 수 있어야 한다.

티쿤올람의 정신으로, 홍익인간의 정신으로 세상에 기여할 수 있는 나만의 한걸음이 무엇인지 생각해보아야 한다. 너무 크고 거대한 비전 앞에서 한없이 작아지는 나를 만나지만, 그 안에서 나만의 한 걸음을 떼면 된다.

"우리 가정에서 출발할 수 있는 티쿤올람은 무엇이 있을까?"

우리 아이들이 만나는 첫 세상, '가정'에서 평안함을 누릴 수 있는 시간을 선물로 줄 수 있는 자리, 그 자리가 '엄마의 자리'임을 발견했다. 나는 그동안 나의 세상은 직장이며, 내가 널리 이롭게 할 대상은 가정 밖에서 만나는 사람이었다. 하지만, 코로나와 함께 맞은 휴직 기간 동안 온전히 집중했던 세상은 다름 아닌 '가정'이었다. '가정을 고친다.' 가정에서 회복을 경험하는 아이는 세상에 나아가서 또 다른 누군가에게 작은 희망이 될 수 있다. 가정 회복이 우선이다.

가정 회복의 작은 움직임으로 시작된 것이 일상 하브루타였다. 유대인의 거대한 역사의 현장을 모르더라도 내가 시작할 수 있는 작은 한 걸음을 떼는 것이 하브루타였다. 나에게 하브루타는 '관심'의 다른 표현이었다.

아이에 대한 '사랑'의 다른 표현이었다. 하루 중에 아이가 관심을 가지는 것은 무엇인지, 찬찬히 살펴보고 이야기를 나누게 되었다. 그 관심은 나에 대한 관심으로 이어졌다. 관심은 대화로, 대화는 생각으로, 생각은 자신감으로 이어졌다.

멈춰 있는 시간 동안 깨달은 단 한 가지는 이것이다. 자신감은 아주 작은 것부터 시작된다는 것이다. 자신감은 아이가 수학 시험을 100점 맞았을 때도 생길 수 있지만, 자전거 페달을 스스로 굴려보았을 때 생기는 것이다. 종이비행기를 직접 날리면서 생기는 것이다. 몰랐던 길을 찾아가면서 생기는 것이다. 이때 자신이 어떤 일을 성공적으로 수행할 수 있는 능력이 있다고 믿게 된다. 이것이 바로 자기 효능감이다. 이러한 자기 효능감이 자신감의 밑거름이 된다. 이것은 아이의 어떠한 말에도 함박웃음을 지으며 반응해주는 엄마의 사랑에서 생기는 것이다. 아이가 바라보고 있는 것을 함께 바라보는 것에서 시작된다.

유대인을 통해 알게 된 그들의 역사와 쩨다카, 성인식, 티쿤올람은 가정으로 시선을 돌리는 계기가 되었다. 방향을 잃고 어디로 가야할지 막막할 때, 나침반 바늘은 정확히 북쪽을 가리킨다. 빙그르 제자리를 돌다가 향하는 곳은 여지없이 북쪽이다. 우리 가정이 향하는 북쪽은 어디인가?

남편과 함께 삶을 이끌었던 중요한 문장이 무엇이었는지 이야기를 나누었다.

"With the one thing that never changes inside myself, I face all the changes in the world."

"내 안에 변하지 않는 한 가지로 세상의 만 가지 변화를 대처한다."

– 호치민

무릇 지킬 만한 것보다 더욱 네 마음을 지키라 생명의 근원이 이에서 남이라. (잠 4:23, 개역한글)

호치민의 명언과 잠언 말씀은 언제나 남편과 나의 삶의 지침이었다. 변화하는 세상 가운데 흔들리지 않는 중심을 지켜나가야 한다. 그 가운데 가정이 있다. 아이들이 세상 속에서 시달리며 집에 돌아왔을 때, 언제나 변함없이 푸근하게 머물러 쉴 수 있는 곳이 되어야 한다. 때로는 치열하게 다투며 서로의 생각을 맞추어나가는 시간도 필요하다. 이 모든 과정을 겪어나가며 무릇 지킬 만한 것보다 더욱 마음을 지키며 가정의 의미와 엄마의 자리에 대한 해답을 찾아 나가는 여정 중이다.

다시 리모델링으로 돌아가보자. 공간의 재배치, 동선의 변화, 책상 위 물건 정리만으로도 같은 공간이 다른 공간처럼 느껴질 때가 있다. 하브루타 역시 마찬가지이다. 우리가 유대인의 모습을 무작정 따라 하자는 것이 아니다.

“우리 가정에서 그동안 얼마나 많은 대화를 했지? 아이들의 말에 귀 기울이고 있었나? 아이들을 인격적으로 대하고 있었나?”

스스로 자문자답해보는 시간이 필요하다.

“숙제했어? 준비물은 확인했어?”

“학원 다녀왔어?”

되돌아보면 아이와 나눈 대화의 주된 내용이 지시하고 확인하던 것에 머물러 있었다.

대화의 목적에 대해서 생각해본 적이 있는가? 오랜만에 친구를 만나서 대화를 나눌 때, 내 시선은 오로지 한 사람에게 집중된다. 서로 만나지 못한 시간 동안 얼마나 많은 일들이 지나갔는지, 그 힘든 시간을 어떻게 스스로만의 방법으로 지나왔는지 귀 기울여 듣는 시간이다.

이 관심과 경청의 시간이 과연 가정에서도 이루어지고 있었는가? 빠르게 서로의 하루를 확인하고, 별다른 일 없었냐는 확인의 시간으로 대화를 하고 있지는 않았는가? 유대인은 자녀의 생각과 관심사를 알아가기 위해 대화를 한다면, 그동안 나의 대화는 확인하고 점검하는 대화였음을 스스로 진단하게 되었다. 자녀를 향한 사랑이라는 기본 틀은 변함없지만 내 ‘언어의 공간 재배치’가 필요한 시점을 확인하게 된 것이다. 언어를 새롭게 디자인할 시간이 필요한 것이다.

이처럼 각 가정에서 언어의 재배치, 식사 시간의 재배치, 중요하게 여긴 가치관의 재배치를 시작하는 리모델링이 필요하다. 그 시점은 각 가정마다 다르다. 코로나의 긴 터널을 지나오며 우리 가정이 겪은 작은 변화가 새로운 우리 가정만의 리모델링을 꿈꾸는 가정에게 작은 도움이 되기를 소망한다. 어떤 변화를 꿈꾸고 있는가? 그 변화의 사작은 '가족 간의 대화'의 장을 마련하는 것부터 시작이다. 그것이 하브루타이다.

02

·
·
·

메타버스 시대, 우리 아이는 어디에 있는가?

어릴 때부터 디지털 기기가 익숙한 우리 아이들은 이미 다양한 루트를 통해 가상세계(Virtual Worlds) 속에서 여러 가지 놀이(게임)를 즐기며, 온라인과 오프라인 세상을 동시에 탐험해 나가고 있다. 이들이 즐기고 있는 세계가 바로 메타버스이다.

메타버스란 '초월', '추상', '가상' 등을 뜻하는 메타(meta)와 '세계'를 뜻하는 우주(universe)의 합성어이다. 메타버스는 현실 세계와 같은 사회 · 경제 · 문화 활동이 이루어지는 3차원의 가상세계를 뜻하며, '라이프

로깅', '증강현실', '가상세계', '거울세계'라는 네 가지 하위 개념으로 설명된다. 코로나19로 인해 제 4차 산업혁명을 특징 짓는 정보의 디지털 초연결 현상은 더욱 가속화되었다.

메타버스와 알파 세대를 이해한다고 하더라도, 하루 종일 온라인 세계에 갇혀 있는 아이들을 바라보는 시선이 그리 곱지 않다. 인공지능을 대체할 수 있는 인간만의 능력, 생각하는 힘을 빼앗고 있다는 위기의식 때문이다. 하지만 이 장에서 말하고자 하는 것은 아이들에 대한 '이해'가 먼저라는 점이다. 아이들은 부모 세대와는 다른 방법으로 코로나를 겪고 있다. 그것이 알파 세대의 시선이다. 부모의 시선에서 바라보는 걱정 어린 눈이 아니라, 아이가 바라보는 코로나 속 온라인 세계를 바라본다.

"우리가 할 수 있기 전에 배워야 하는 일들을 우리는 하면서 배운다."
– 아리스토텔레스

코로나 팬데믹 속에서 우리 아이들이 겪었던 그 시간이 아리스토텔레스의 말에서도 발견된다. 한 번도 겪어 보지 못했던 전 세계적인 팬데믹 속에서 우리 아이들이 알파 세대로서 미래에서 온 아이들처럼 그 상황을 잘 견뎌주었다. 코로나를 겪으면서 아이들이 배워가고 있다. 디지털 기기가 익숙한 우리 아이들은 온라인과 오프라인 세상을 동시에 탐험해나가고 있다. 때로는 걱정의 눈으로, 불안의 눈으로 아이들을 바라보는 순간이 많았다.

'어디까지 자유를 주어야 할 것인가?'

'어디까지 경계를 그어주어야 할 것인가?'

갈팡질팡하는 마음속에서 만난 '호모 루덴스', '디지털 루덴스'는 새로운 관점을 선물했다.

디지털 루덴스(Digital Ludens)란 '디지털(Digital)'과 인간 유희를 뜻하는 '호모 루덴스(Homo Ludens)'의 합성어로 디지털 데이터를 적극적으로 활용하여 예술이나 기타 창조 활동을 하는 이들을 지칭하는 말이다. 인간 자체의 태생적 본성에는 특별한 목적이 없어도 그저 즐거움을 위해서라면 놀이를 추구하는 성향이 있다. 아이들의 온라인 세계도 즐거움을 위한 놀이문화로 바라보게 되었다.

'즐거움을 추구하는 문화, 놀이의 성격을 가진 아이들이 코로나라는 피치 못할 상황 속에서 놀이터를 옮긴 것뿐이구나.'라는 안심이 들었다. 물론, 무분별하게 온라인 시간을 허락하고 그 속에서 헤어 나오지 못하는 중독 상태에 이르는 것을 지켜보자는 것이 아니다.

알파 세대의 새로운 놀이 문화를 이해하고, 그 속에서 부모 세대와 아이들이 함께 맞추어나갈 균형 지점을 찾아야 하는 숙제가 주어졌다. 각자의 가정에 맞는 알맞은 지점, 그 지점을 생각해보는 시간이 꼭 필요하다.

아이들의 문화를 이해하는 눈이 생겼다면 아이들과 함께 그 문화에서 노는 시간이 필요하다. 탈무드 〈머리가 이상해진 왕자〉를 살펴보자.

〈머리가 이상해진 왕자〉 – 하브루타 부모교육연구소

머리가 이상해진 왕자가 있었다. 그는 자신이 칠면조라고 생각해서 알몸으로 식탁 밑을 기어 다니거나 그 밑에 떨어진 빵 부스러기를 쪼아 먹기도 했다. 왕자를 치료할 방법을 찾지 못한 의사들은 낙담했고, 아버지인 국왕은 슬픔에 잠겼다. 어느 날, 한 현자가 찾아와서 자기가 왕자를 치료해보겠다고 선언했다.

현자는 옷을 벗더니 식탁 밑에 있는 왕자와 함께 떨어진 빵 부스러기를 쪼아 먹기 시작했다.

"자신이 지금 하고 있는 행동을 어떻게 생각하십니까?"

왕자가 물었다.

"나는 칠면조입니다."

하고 현자가 대답하자,

"나도 칠면조요."

하며 왕자도 응답했다.

현자는 오랫동안 식탁 밑에서 그와 함께 있었다. 왕자와 가까워지자, 그는 두 장의 셔츠를 가지고 오라고 신호를 보냈다. 현자는 왕자에게 물었다.

"칠면조는 셔츠를 입을 수 없다고 누가 그러던가요? 셔츠를 입어도 칠면조는 칠면조입니다."

그래서 두 사람은 셔츠를 입었다. 다음에 현자는 바지 2벌을 가지고 오게 했다.

"칠면조가 바지를 입어서는 안 되는 것일까요?"

현자는 왕자에게 물었다. 두 사람은 속옷과 그 밖의 옷도 입어 결국 옷을 전부 입게 되었다. 그것이 끝나자 현자는 음식을 식탁 밑에 내려놓으라는 신호를 보냈다.

"맛있는 음식을 먹는 것은 칠면조답지 않은 일일까요?"

현자는 물었다.

"아니오!"

한참 뒤에 왕자는 덧붙였다.

"왜 칠면조는 언제나 식탁 밑을 기어 다니지 않으면 안 되는 것입니까? 의자에 앉고 싶을 때 그렇게 하지 못할 이유가 어디 있습니까?"

이리하여 현자는 조금씩 왕자를 치료해갔다.

이 우화에서 왕자는 왜 칠면조가 되었을까? 칠면조는 추수감사절을 대표하는 요리 재료이다. 풍성한 나눔과 풍요를 상징하는 식탁 위의 칠면조가 아니라, 식탁 밑의 칠면조가 되었다. 왕자는 아무도 관심 없는 식탁 아래에 있는 칠면조가 된 것이다. 식탁 위에 먹음직스럽게 차려진 칠면조처럼 감사함으로 따뜻한 눈빛으로 왕자를 바라보기를 바랐던 것일까?

왕자를 치료해보겠다고 선언한 현자는 옷을 벗고 식탁 밑으로 들어가 왕자와 함께 떨어진 빵 부스러기를 쪼아 먹기 시작했다.

“도대체 왜 이러는 거야?”

“무슨 일이야?”

“왜 칠면조라고 하는 건데?”

왕자의 이상한 행동에 답답해하며, 고치기 위해 노력했지만, 가족 중에 그 누구도 현자처럼 옷을 벗고 식탁 아래로 내려갈 생각을 하지 못했다. 현자는 왕자의 행동을 이상하게 바라본 것이 아니라, 왕자와 같이 행동했다. 그리고 천천히 왕자의 마음을 열었다.

가끔씩 아이가 보여주는 이해할 수 없는 행동에 나는 어떻게 반응했었는지 생각하게 된다. 함께 식탁 밑에 내려가기를 선택하기보다, 왜 그러느냐고 윽박지르는 쪽이 많았던 것 같다.

코로나 팬데믹 속, 음식을 삼키지 못하던 아들이 한동안 빠져 있던 것이 있었다. 바로 온라인 게임 '마인크래프트'였다. 평소 게임에 별 흥미를 느끼지 못하는 엄마 탓에 아들의 게임은 늘 핀잔의 대상이었다. 한 번도 같이 게임을 해야겠다는 생각이 든 적이 없었다. 아이가 입을 닫고 게임 세계 속에 들어가 있던 시절, 내가 할 수 있는 것은 나도 같이 그 게임 세계에 들어가 보는 일이었다. 엔더 드래곤이 무엇인지, 포지를 깔아서 다양한 버전으로 마인크래프를 어떻게 즐길 수 있는지 함께해보는 수밖에 없었다. 그날을 계기로 아들의 마음의 문이 열렸던 걸까? 초등학교 1학년 아들과 2시간 사투 끝에 포지를 깔며, 다양한 마인크래프트 세계를 탐험하게 되었다. 솔직히 역시나, 나에게는 그리 흥미롭지 않은 세계이다. 하지만 그날 엄마의 노력이 아들에게 전해졌는지 아들이 서서히 마인크래프트의 세계에서 현실 세계로 돌아왔다.

이후에 접하게 된 이 탈무드 이야기는 아이의 세계를 이해하는 새로운 시선이 되었다. 아이의 눈으로 바라보는 시선을 현자는 가지고 있었다. 왜 그러냐고 묻기 전에 아이의 상황을 먼저 겪어보는 모습을 보여주는 것이다. 아이들의 세계를 모두 다 이해할 수 없다. 다만 우리가 겪어온 어린 시절을 추억하며 아이들을 이해하고자 노력하는 것뿐이다.

03

동영상을 보며 크는 아이들, 알파 세대는 누구인가?

요즘의 외식문화를 생각해보자. 맛있는 음식을 기다리는 가족의 모습에 빠질 수 없이 등장하는 것이 휴대폰이다. 뽀로로부터 시작해서 다양한 유튜브 영상들이 아이들의 시선을 사로잡는다. 음식이 나오기를 기다리는 시간, 부모님이 이야기를 나누는 시간에 아이의 시선은 동영상을 향해 있다. 이 모습을 우리는 외식 환경에서 쉽게 발견한다.

방과 후 모습은 어떠한가? 학원 버스를 기다리는 아이들 손에는 휴대폰이 들려 있다. 끊임없이 돌아가는 게임 화면 속에서 아이들은 시간을 보낸다. 한국을 휩쓸었던 포켓몬 빵 품절대란 속에서 '포켓몬 go'게임도 다시 호황을 이루며 휴대폰을 들고 포켓몬을 잡으러 찾아 나서는 학생들을 발견할 수 있었다. 전 세계 아이들이 가장 많이 접속한다는 '로블록스'는 아이들의 온라인 놀이터가 되었다. 코로나 팬데믹 속에서 동시 접속량을 견디지 못해 서버가 다운되는 일도 여러 번 발생했다.

"게임 서버가 다운됐어."

"서버가 터졌어."

놀이터를 잃은 아이들이 온라인 세계에서 방황하는 모습을 곁에서 지켜볼 수밖에 없었다.

코로나 팬데믹 속에서 친구를 만나는 방법으로 줌(zoom)을 빼놓을 수 없다.

"우리 줌에서 만나자."

온라인 수업이 끝난 후 아이들은 줌에서 친구를 만나서 숙제를 하고 이야기를 나누었다. 직접 만날 수 없지만, 온라인으로 만날 수 있는 초연결 시대로의 변화는 아이들의 삶을 바꾸어놓았다.

알파 세대(Alpha generation)

스티브 잡스의 융합적 창조 정신이 반영된 아이패드가 이 세상에 출시된 2010년도부터 2024년까지 약 15년간 출생한 세대의 특징을 담아 부르는 말이 있다. 바로 알파 세대(Alpha generation)이다. 알파 세대는 출생과 동시에 디지털 기기를 마치 신체의 일부분인 것처럼 자연스럽게 다루고 활용하며 성장했다. 이 아이들은 코로나 바이러스의 위기와 공포를 극복하는 방식이 디지털 초연결 세계로 향해 있음을 무의식적으로 학습하였다. 바로 이 알파 세대가 2020년 이후 코로나 키즈가 되어 학교 교육의 역사를 새롭게 만들어나가고 있다.

『알파 세대가 학교에 온다』(최은영, 2021)에 따르면 '알파 세대'라는 용어는 호주의 사회학자 크 맥크린들(Mark McCrindle)이 운영하는 연구소의 2008년도 리서치에서 최초로 창안된 것으로 알려진다. 해당 연구소에서는 2010년~2024년에 태어난 아이들이 온전히 21세기 출생자로만 구성된 첫 번째 세대라는 상징성을 띠고 있기에 고대 그리스 알파벳의 첫 글자인 '알파'를 사용하게 되었다고 밝혔다.

알파 세대는 미래에서 온 아이들처럼 변화의 물결에 그 누구보다 가장 빨리 적응하며 지내고 있다. 자연스럽게 전자 기기를 다루는 능력이 높아졌고, 궁금한 정보는 유튜브를 통해서 찾을 수 있게 되었다. 모르는 것을 찾는 검색엔진으로 무엇을 사용하고 있는가? 유튜브를 찾는지, 네이버를 찾는지 보면 세대 구분할 수 있다는 말이 나올 정도이다. 아이들의 정보 습득 방식은 글로 된 것보다, 움직이는 영상으로 간편히 만들어진

자료에서 손쉽게 얻을 수 있다. 독서하기 더 힘든 환경에 놓인 것이다. 클릭 하나로 얻을 수 있는 정보를 두꺼운 책에서 얻어야 한다면 그 누구라도 클릭을 선택하게 되지 않을까?

미래학자들이 공통적으로 예측하는 포스트 코로나 미래 사회의 특징을 정리해보면 다음과 같다.

첫째, 대면 접촉이 아니더라도 디지털 가상세계를 통한 사람의 연결은 가속화될 것이다.

둘째, 기계로 대체할 수 없는 인간만이 구현할 수 있는 가치들, '협력과 공존, 감정을 다루는 소통 능력, 기계로 대체할 수 없는 인간 고도의 전문성'이 강조된다.

셋째, 새로운 변화를 창조하는 사회에서도 여전히 교육의 역할은 매우 중요하게 여겨진다.

미래 교육의 모습은 방법적으로는 디지털로 인해 좀 더 유연하게 접근 가능하다. 하지만, 내용적으로는 좀 더 인간적인 가치 중심의 학습이 강조될 것이다. 인류의 공생과 공존을 위한 공감 능력과 기계로 대체 불가능한 인간의 창조적 사고력이 바로 그것이다. 기계로는 대체할 수 없는 인간 고도의 전문성이란 바로 생각하는 능력이다. 사유하는 힘은 오로지 인간만이 가진 능력이다.

알파 세대 아이들의 발 빠른 정보기기 능력에 생각하는 힘까지 더해진다면 아이들의 미래는 희망적일 것이다. 알파 세대를 정의한 마크 맥크린들의 말처럼 말이다.

"알파 세대는 훌륭한 지도자의 자질이 있다. 이들은 역대급 기술력과 글로벌 단위의 연결성으로 가장 많이 교육받은 세대로 자라날 것이다. 이들이 인도하는 22세기는 매우 낙관적으로 보인다."

생각하는 힘은 어디에서 나올까?

사유하는 힘은 언어를 통해서 더 빛을 발한다. 아이들의 언어가 발달하는 가장 최고의 방법은 부모와의 상호작용이다. 대화를 통해 이루어지는 상호작용은 뇌를 개발시킨다. 이때 중요한 것은 엄마가 얼마나 아이에게 자주 말을 걸고 말해주느냐가 아니다. 아이가 먼저 시작한 말에 엄마가 얼마나 반응을 보였느냐가 더 중요하다. 나는 말수가 적은데 아이에게 어떻게 말을 많이 해야 하는지 모르겠다고 이야기하는 엄마들이 많다. 분명한 것은 아이가 많이 얘기할수록 좋은 것이다. 아이에게 도움이 되는 이야기를 내가 일방적으로 전하는 것이 아니라, 아이가 스스로의 생각을 많이 이야기해보는 경험이 더 좋은 것이다. 사실상 아이의 말문을 터주는 것은 부모의 말이 아니라, 아이의 말에 반응하는 부모의 시기적절한 사랑과 관심이다.

언어는 상호작용으로 배우도록 디자인되어 있다. 우리 아이와 어떤 상호작용을 통해서 언어를 키울 수 있을지 생각해보자. 뇌과학자 정재승 교수님의 책 대화 루틴은 이러하다.

'이야기 만들어서 들려주기, 서재 큰 테이블에 둘러앉아서 함께 야식 먹기, 아이의 관심 분야에 대해 원 없이 이야기하기.'

발견했는가? 책 대화 루틴은 특별한 비법이라기보다 생활 속에서 자연스럽게 묻어나는 삶 자체인 것이다. 저녁 식사를 한 후, 자연스럽게 큰 테이블에 모여 앉는다. 자신의 할 일과 이야깃거리를 펼치며 대화를 시작한다. 이런 가정 분위기를 만드는 것이 하브루타의 시작이며 출발점이다. 아이의 이야기와 관심사에 귀 기울일 준비가 되어 있는지가 먼저이다. 아이가 무엇에 관심이 있는지 알고 있는 것이 먼저이다. 우리 아이는 무엇을 좋아하는가? 바로 그곳에서부터 대화가 시작된다.

관심과 경청의 키워드를 기억하라

알파 세대 아이들의 자존감을 어떻게 세울 것인가? 스마트폰 게임에 빠져 있는 아이들을 걱정 어린 시선으로 바라보고 있다. 나 역시 아들의 게임으로 인해 괴로운 시간을 보냈다. 뒤돌아서면 게임만 하는 아들을 바라보는 것이 정말 괴로웠다. 화내고 다그치던 모습에서 하브루타의 키워드인 '관심, 경청'을 적용해보기로 했다.

"내가 한번 게임 세계에 들어가서 느껴보자."

하지만 나는 게임을 정말 싫어하고 흥미를 느끼지 못하는 부류 중에 하나이다. 식물 키우기, 책 읽기가 재미있는 엄마이니 호기심 가득한 아들에게는 참 답답하고 재미없는 엄마일 것이다.

"아들, 요즘 어떤 게임이 그렇게 재미있는 거야? 엄마도 좀 알려줘."

한마디 물었을 뿐인데, 술술술 게임 전문 용어가 나오기 시작한다. 이야기하는 아들의 표정이 사뭇 진지하면서도 신나 보인다. 관심과 경청의 힘은 정말 크다. 아들 이야기에 경청했을 뿐인데 신나게 이야기를 마치더니 밥 수저를 설거지통에 넣고 자리를 고쳐 앉는다. 본격적으로 이야기가 시작된다.

신나게 이야기하는 아들의 모습에서 『창가의 토토』가 떠올랐다. 토토는 일반 학교에서 퇴학을 당하고 도모에 학교로 전학을 가게 된다. 말썽꾸러기 토토의 이야기에 관심을 기울여주는 사람이 없다. 토토는 문제아로만 여겨진다. 그때 도모에 학교 교장 선생님은 세 시간이나 경청하며 토토의 이야기를 들어주신다. 교장 선생님과의 세 시간의 대화에서 토토는 '경청이 고팠다'는 것을 발견했다.

'우리 아이도 관심과 경청이 고픈 것이었구나.'

아이의 관심사에 관심을 보이는 작은 변화만으로도 아이의 자존감은 자란다.

부모님 앞에서 디지털 전문가가 되게 하라

"애플이 좋아? 삼성이 좋아?"

"끝말잇기 하자."

"재미있는 이야기해줘."

"사투리 해줘."

평소에 날씨 검색용으로만 활용하던 빅스비(인공지능 플랫폼)가 아이들에게 놀이의 대상이 된다. 컴퓨터, 스마트폰 검색 역시 우리 세대와는 다른 방법으로 활용하며 탐색할 줄 아는 아이들이 바로 알파 세대이다. 사진 몇 장만으로도 멋지게 동영상을 만들어내고, 발견하지 못했던 핸드폰의 다양한 기능까지도 속속 찾아서 활용할 줄 아는 아이들이다. 아이들은 이미 우리보다 앞서 미래를 살아가는 디지털 전문가들로 성장하고 있다.

"우리 손주, 갑자기 인터넷이 안 되네. 'e' 모양에 들어갔는데 안 되네. 왜 그러는지 알아?"

"네, 할아버지. 그럼, 크롬으로 들어가보세요. 크롬은 빨강, 노랑, 초록색으로 동그랗게 생긴 아이콘이에요."

자세한 내용을 알고 있지는 않더라도 컴퓨터를 손쉽게 사용할 줄 아는 아이들은 할아버지의 디지털 선생님이 되어서 자기만의 방법으로 사용법을 알려드린다. 아들이 신나는 모습으로 할아버지께 컴퓨터를 알려드리는 모습 보니, 고등학교 시절 아빠가 떠올랐다.

"이 동요 누가 만들었지? 콤푸타로 한번 두드려봐라. '나의 살던 고향은 꽃피는 산~골 복숭아꽃 살구꽃 아기 진달래.'"

"홍난파의 곡이에요."

우리 집에 최신식 컴퓨터가 처음 생긴 것은 고3 때였다. 그 컴퓨터로 면접 준비도 하고, 다양한 자료를 찾아보는 것으로 요긴하게 사용하였다. 그 컴퓨터가 생긴 후로 궁금한 것이 생기면 아빠의 전화가 울린다. 그 당시 나는 아빠의 그런 질문이 참 좋았다. 컴퓨터 사용에 대해서만큼은 나를 신뢰한다고 느껴졌기 때문이다. 이제 어디를 가든 스마트폰을 가지고 다니는 시대이다. 누구나 검색하면 많은 정보를 찾을 수 있다. 요즘도 가끔 기분 좋은 목소리로 술기운을 빌려 걸려오는 아빠의 전화를 받는다.

"요즘 환율이 말이야."

"오늘도 약주 하셨네요. 기분 좋으셔서 전화하셨어요?"

마흔이 넘어서 알게 되었다. 몰라서 물으시는 것이 아니라, 그렇게라도 딸의 목소리가 듣고 싶었다는 것을, 아빠는 컴퓨터의 자리에 나의 역할을 주신 것이다.

알파 세대 아이들의 자존감을 어떻게 높일 수 있을까? 멀리서 찾을 것이 아니라, 가까이에서 해답을 찾을 수 있다. 나 역시 아이들에게 각자의 역할을 주어야 한다. 내가 모든 것을 척척 해주는 것이 아니라, 아이들이 스스로 해볼 수 있는 기회를 주어야 한다. 아이만의 역할을 부여해주고 아이만의 성취감을 느끼도록 해주는 것이다. 그것이 우리 알파 세대에게는 '디지털 전문가'의 자리가 아닐까 생각한다.

분명한 경계 세우기

여기서 다시 함께 살펴보고 싶은 것은 바로 '경계 세우기'이다. 아이들의 활동을 존중해주고 관심과 경청 안에서 양육하지만, 분명히 경계를 세우는 시간이 필요하다. 아이들은 정해진 규칙 안에서 자유를 누릴 때, 진정한 안정감을 느낄 수 있다. 알파 세대 아이들의 전자 기기 사용 시간에 대해서 가족이 함께 이야기를 나누며 경계를 세우는 시간이 반드시 필요하다. 우리 가정의 규칙은 다음 세 가지이다. 아이들이 성장하면서 충분한 대화를 통해서 앞으로도 충분히 변화될 수 있는 우리 집만의 규칙이다.

〈우리 집만의 미디어 사용 규칙〉

1. 아이와 시간 규칙 정하기: '6시 이후 전자 기기 사용 자제하기'
2. 꾸준히 지키기
3. Yes Day 만들기 : '월 1회 자유시간'

'6시 이후 전자 기기 사용 자제하기'가 자리 잡기까지 많은 시행착오의 시간이 지나갔다. 무한대로 컴퓨터를 사용하던 시간, 완전 금지했던 시간을 거쳐서 8시, 7시, 6시 등 시간을 함께 정했다. 휴대폰 사용 환경은 각 가정마다 다양할 것이다. 각 가정의 상황에 맞게 아이들과 부모님의 의견을 조율하는 시간이 반드시 필요하다. 아이들과 규칙을 정할 때는 반드시, '절대 안 돼.'라는 대전제보다 서로의 의견을 경청하는 시간임을 기억하자. 내 의견이 받아들여질 수 있다는 분위기가 되어야 아이들도 부모님의 의견을 경청하며 자신의 말을 할 수 있기 때문이다. 아이들이 자라면서 생각도 함께 자라기에 아이들의 생각을 들어보면서 가장 합리적인 우리 집만의 규칙을 함께 만드는 시간이 되기를 기대한다. 경계 세우기의 큰 테두리는 부모도 아이도 모두 행복하기를 바라는 마음이라는 것을 기억하기를 바란다. 분명한 경계 안에서 안정감을 누리며 성장하는 아이와 부모님의 모습을 기대한다.

04

인공지능시대, 왜 공부하는가?

'한국 학생들은 하루 15시간씩 학교와 학원에서 미래에는 필요하지 않을 지식과 존재하지도 않을 직업 때문에 시간을 낭비하고 있다.'

미래학자 앨빈 토플러(1928~2016)는 이렇게 지적했다. K교육열로 뜨거운 한국의 현주소를 이토록 차가운 한마디로 정의했다. 우리 아이들은 과연 그의 지적처럼 미래에는 필요하지 않을 지식과 존재하지도 않을 직업 때문에 시간을 낭비하고 있는가? 많은 부모님들이 소비를 줄여가며 열과 성의를 다하고 있는 교육열은 분명 시간 낭비가 아닌, 미래를 위해 시간을 적립하는 중임에는 틀림이 없다. 다만, '교육의 방향이 올바른가?

교육의 방법이 올바른가? 그 교육이 효율적인가?'를 살펴볼 필요가 있다.

명문 대학과 유망한 직업을 갖기 위해 오늘도 학생들은 학원 문을 열고 있다. 여기서 유대인은 무엇을 위해 공부하는지 공부의 이유를 생각해보자. 유대인은 시험을 위해 공부하지 않는다. 그들에게 공부는 신의 명령이며, 죽기 직전까지 해야 하는 것이라고 생각한다. 앞서 언급한 티쿤올람의 정신이 유대인의 밑바탕에 있기에 그들에게 공부는 한 번의 시험을 잘 보기 위한 단기 목표가 아니다. 공부가 곧 삶인 것이다.

우리에게 배움이라는 것이 단지 결과를 내야 하는 목표가 아니라 과정이어야 한다. 우리가 아이들에게 가르쳐주어야 하는 것은 눈앞에 보이는 모든 생명이 배움의 대상이라는 것이다. 집에서 키우는 작은 화초에서 생명의 소중함을 배우고, 계절의 변화에서 삶의 소생과 소멸을 배운다. 반려동물을 키우며 동물과의 교감을 배우고, 가족과의 대화를 통해서 진정한 소통을 경험한다.

생명의 소중함, 극한 슬픔 '슬픔을 알아가는 중이야.'

코로나 시대에 온종일 집콕을 해야만 했던 시기에 작은 고양이 한 마리가 우리 집에 생명으로 오게 되었다. 생명을 집에 들이기까지 많은 고민의 연속이었다. 아이들의 호기심으로 생명을 들일 수 없었다. 생명을 들이는 일에는 책임감이 따르기 때문이다. 많은 고민 끝에 고양이를 입양했다. 고양이의 이름을 짓는 것부터 고양이의 잠자리 공간을 마련하는 것까지 아이들과 함께 이야기를 나누었다. 그 과정에서 아이들은 세상에 태어나기 전 엄마, 아빠가 어떤 준비 과정을 거쳤는지 어렴풋이 경험하게 되었다.

무수히 많은 이름 중에서 고양이에게 가장 잘 어울리는 이름을 정하는 것부터 난관이었다. 여러 후보를 정하고 이름을 지워나가며, 최적의 이름을 찾았다. '다솜(사랑)'이라는 순우리말의 이름으로 우리 가족이 되었다. 때에 맞게 예방접종을 하고, 추울까 싶어 담요를 깔아주고, 먹지 못할까 싶어 입에 맞는 사료를 찾아주며 생명의 소중함을 알아갔다. 때로는 다솜이의 훈련사로, 때로는 다솜이의 훈육자로 그렇게 아이들도 다솜이와 함께 자라고 있었다.

"엄마, 따끔하게 혼내야 해. 안 되는 건 안 되는 거라고 알려줘야 해."

식탐이 많은 다솜이가 아무것이나 눈에 보이는 것을 먹으려 할 때마다 아이들은 단호함에 대해서 이야기했다. 그런 모습을 보며 훈육의 의미를 알아가는 아이들이 신기했다.

그러던 어느 날, 온 가족이 코로나에 걸렸다. 온 가족이 코로나에 걸리기까지 3주에 걸쳐서 한 명, 한 명 힘든 터널을 지나오는 동안, 갑작스레 다솜이를 하늘나라로 먼저 떠나보내게 되었다. 추측하기는 다솜이도 코로나에 걸렸던 것이 아닐까 싶다. 아무 이유 없이 곡기를 끊고 시름시름 앓더니 하루 만에 무지개다리를 건넜다. 아이들에게 이 소식을 어떻게 전해야 할지 막막한 순간이었다. 연약해진 다솜이는 동물병원에서 검사를 마쳤지만, 수술도 못 한 채 먼저 먼 길을 떠났다. 갑작스러운 소식에 우리 부부는 정신없이 다솜이의 장례를 치르고 귀가했다. 인생에서 이별은 예상치 못한 순간에 온다는 당연한 진리를 경험한 순간이었다. 헛헛한 마음에 집에 돌아오면서 이 소식을 아이들에게 어떻게 전해야 할지 난감했다.

"다솜이는 왜 같이 안 왔어?"

"어? 어… 좀 더 큰 병원으로 옮겼어."

나도 모르게 거짓말로 둘러댔다. 아이들에게 사실대로 전할 용기가 나지 않았다. 그리고 언제 이 사실을 전해야 할지 막막했다.

"다솜이는 언제 오는 거야?"

다솜이가 갑작스레 밥도 먹지 않고 힘들어하는 것을 보았기에 아이들은 다솜이 걱정이 가득했다. 며칠을 고민하다가 사실대로 아이들에게 다솜이의 소식을 전하기로 했다. 소식을 전하자마자 두 아이는 상반된 반응을 보였다. 주루룩 흐르는 눈물을 감출 수 없는 딸과 다솜이 소식을 받아들이지 못해서 소리치는 아들의 모습이었다. 우리 가족에게 기쁨이 되어주었던 다솜이는 이제 새로운 감정을 알려주게 되었다. 그렇게 온 가족에게 애도의 시간이 찾아왔다. 애도의 시간은 슬픔을 알아가는 시간이었다.

다솜이 물건을 정리하며 한바탕 눈물바다가 되었다. 다솜이 소식을 전한 후, 초인종 소리가 들렸다. 집 앞에 택배가 도착해 있었다. 택배는 다솜이를 위해 준비했던 캣타워였기에 설치하지도 못한 캣타워를 보며 눈물이 고였다. 아직 뜯지도 않은 사료와 다솜이 장난감을 보며 아이들과 함께 울었다. 그냥 같이 슬퍼하는 것밖에 할 수 있는 것이 없었다.

어느 날, 아들이 영상을 만들었다며 보여주었다. 다솜이가 우리 집에 온 첫날부터 마지막까지의 사진을 모두 담은 동영상이었다. 흘러나오는 배경음악은 BTS의 '봄날'이었다.

"보고 싶다. 이렇게 말하니까 더 보고 싶다. 너희 사진을 보고 있어도 보고 싶다."

아들이 만든 동영상으로 함께 다솜이를 추억하는 시간이었다. 봄날의 가사가 이토록 애틋하고 슬펐나? 그날따라 무척 새롭게 들렸다. 우리 가족 모두 눈가가 촉촉해져 있었다. 잠자리에 들기 전 다솜이와 함께 장난치며 놀던 그 시간이 되면 아이들은 더 슬퍼했다. 아이들이 '이별과 슬픔'이라는 감정을 알아가는 동안 내가 할 수 있는 일은 아이들과 함께 우는 것뿐이었다.

"고양이의 시간은 사람의 시간과 달라."

"왜 그렇게 빨리 간 거야?"

"우리 다시 만날 수 있을까?"

그리고 다시는 반려동물을 들이지 않아야겠다고 다짐했다. 슬픔이라는 감정이 아이들이 감당하기에 많이 버거워보였기 때문이다. 코로나 후유증과 펫로스 증후군으로 슬픔에 잠겨 있던 시간을 흘려보냈다.

충분한 애도의 시간을 보낸 아이들은 각자 슬픔의 시간을 각자의 기질대로 흘려보냈다. 슬퍼하면 슬픈 대로 눈물 흘리기도 하고, 친구들에게 하소연하기도 하고, 귀여운 고양이 영상을 보면서 이겨내기도 했다. 그런 시간의 흐름 속에서 아이들은 단단해졌고, 반려동물에 대한 아이들의 생각을 살필 수 있었다. 많은 대화를 통해 신중히 새로운 고양이를 입양하게 되었다.

새 가족 루비는 주인에게 파양된 고양이였다. 젊은 아가씨가 기르던 고양이였는데 잦은 출장으로 오랜 시간 홀로 있는 고양이가 안쓰러워서 파양을 결정하고 새로운 주인을 찾고 있었다. 우리 가족의 시간과 딱 맞았던 루비는 우리 가족이 되었다. 하지만 루비는 적응기 내내 새벽에 울기 시작했다. 아마도 전 주인이 그리웠던 모양이다. 이제 서로의 적응기를 마친 요즘 루비는 머리를 부비고, 손으로 톡톡 치는 등 갖은 애교로 우리 가족들의 마음을 녹인다. 여전히 말이 많고, 많이 울어서 시끄러운 순간이 있지만, 그 모습마저 사랑스럽다. 아이들은 이야기한다.

"엄마, 다솜이는 아프다고 말도 안 하고, 울지도 않았어."

"근데 루비는 아프면 아프다고 말할 것 같아. 엄청 말이 많잖아."

"고양이 두 마리밖에 모르지만, 정말 성격이 다른 것 같아."

아이의 말에 나도 고개를 끄덕였다.

인공지능 시대, 공부의 이유를 이야기하다가 왜 갑자기 고양이 이야기를 하는 것일까? 아이들에게 아픈 기억으로 남아 있을지 모르는 이 순간이 아이들의 자라는 순간이기에 그러하다. 고양이와의 의사소통, 슬픔, 애잔함의 감정을 경험한 순간이었다. 더하고 빼는 학습을 한 것은 아니지만, 생명을 소중히 여기는 마음을 배우는 순간이었다.

아이들의 슬픔이 보기 힘겨워서 다시 새 생명을 들이지 않았다면, 아이들의 기억 속에는 슬픔만이 남아 있을 것이다. 아이들의 감정까지 내가 해결하려고 하지 말고, 아이들의 시행착오는 아이들의 시행착오로 남겨두어야 한다는 배움을 얻었다.

인공지능 시대, 왜 공부하는가? 아이들만의 경험과 아이들만의 해답을 찾아나가기 위해 공부한다. 엄마에게는 엄마의 방법이 있고, 아이에게는 아이만의 방법이 있음을 한발 멀리서 바라보기 위해 엄마는 공부한다. 내가 하브루타를 공부하는 이유는 바로 그것이다. 우리 아이들은 아이들만의 이유를 찾아나가는 여행 중이다. 그 길에서 내가 할 일은 아이들의 시행착오를 나의 경험처럼 여기며 가로막지 않는 것이다. 다양한 시행착오를 겪고 돌아온 아이를 토닥여줄 수 있는 마음의 크기를 키우는 것이 내가 할 수 있는 유일한 일이다.

05

우리 아이들이 사는 미래의 세상

"지금 현재 학교에서 아이들에게 가르치는 80~90%의 것은 그들이 40대가 되었을 때 별로 쓸모없는 것이 될 확률이 높다. … 앞으로 30~40년 후, 2050년에 세상이 어떨지 전혀 알 수가 없다. 우리가 알 수 있는 것은 지금과 완전히 다르다는 것 하나뿐이다."

– 유발 하라리

유발 하라리의 글에서도 발견되듯이 4차 산업혁명의 디지털 초연결 사회에서 지식과 정보 그 자체를 기억(암기)하는 것은 더이상 큰 의미가 없어졌다. 그렇다면 21세기의 핵심 역량은 무엇일까? 과거 2000년까지만 해도 전 세계 교육계는 학습을 위한 기초 기본 능력으로써 3R(Reading, wRiting, aRithmetic)을 강조했다. 하지만 최근에는 3R 못지않게 4C를 강조하고 있다. 4C는 의사소통 능력(Communication), 협업 능력(Collaboration), 비판적 사고력(Critical thinking), 창의성(Creativity)이다. 연구에 따르면 실제 경영진들이 중요하게 여기는 4C 역량은 의사소통 능력 80.4%, 비판적 사고력 72.4%, 협력 71.2%, 창의력 57.3% 순으로 나타났다.

21세기 인재형은 기존의 3R을 바탕으로 4C를 접목한 인재이다. 전통적인 3R에서 4C 역량을 추가하기 위한 노력으로 가족 하브루타를 제안한다. 하브루타를 통해서 가족 간의 의사소통 능력, 가족 간의 협업 능력, 가족 간의 비판적 사고력, 가족 간의 창의성을 기를 수 있다면 21세기에 가장 기대되는 인재형으로 자라날 것이다.

4C 역량은 다양성과 변화를 통해 학생 스스로 적극적 학습 행위 과정에 깊이 있게 몰입하게 함으로써 느끼고 깨우치게 한다. 그리고 기존과는 다른 새로움을 추구하는 마음의 힘을 키워낸다. 3R보다는 좀 더 역동적이며, 유연하고 열린 체계의 사고를 요구한다. 이를 자극할 수 있는 것이 질문하고 토론하는 짝 대화 하브루타이다. 하브루타는 학생들의 호기

심에 기초한다. 호기심은 인간이 본능적으로 가진 것이며 아이들에게는 뭔가를 배우겠다는 의지의 표현이다.

아이들의 호기심에 대한 우리의 생각과 태도는 어떠해야 하는가? 아이들의 호기심은 가장 아이다운 모습이며, 가장 '나 다운' 모습의 출발이기도 하다. 나다움을 찾기 위한 방법으로 내적 동기, 자발성에 대한 이야기를 하고자 한다.

『최고의 공부법』(전성수)에서는 내적 동기, 즉 자발적 동기를 유발하는 데 필요한 3가지 조건이 있다고 안내한다.

첫째, 뚜렷한 목표가 있어야 한다.

둘째, 목표를 달성하는 과정에 스스로 알 수 있는 즉각적인 피드백이 있어야 한다.

셋째, 각자의 능력에 적합한 도전이 있어야 한다.

이 3가지 조건을 완벽하게 만족시켜주는 것이 컴퓨터 게임이다. 레벨을 성취하고자 하는 분명한 목표와 그 과정에서 즉각적인 피드백을 준다. 각자의 능력과 수준에 맞는 적합한 도전이 새로운 게임으로 매일 추천이 된다. 이 게임과 같은 내적 동기를 유발할 수 있는 것이 무엇이 있을까?

내가 생각하는 내적 동기는 아이를 '관찰'하는 것에서 시작된다. 우리 아들의 내적 동기는 레벨업이다. 물론 재미있는 일에 레벨을 올리는 것이다. 피아노, 태권도, 유도, 게임 등 모든 흥미를 이끌어가는 것은 레벨을 올리는 것이다. 우리 딸은 안정감이다. 어느 곳이든 처음 적응하기까지 오랜 시간이 걸리는 딸은 처음에는 힘들어하지만 안정감을 느끼고 나면 본연의 모습을 보이며 자기만의 색깔을 찾기 시작한다. 이러한 내적 동기는 아이의 흥미가 무엇인지 관찰하는 것에서부터 시작된다. 아이가 느끼는 호기심의 대상이 무엇인지 관찰을 시작하는 것이 아이의 내적 동기를 발견하는 시작이다.

21세기 인재형이 멀리 있는 것이 아니라, 우리 아이의 내적 동기가 무엇인지 관찰하는 것에서부터 시작된다. 읽고, 쓰고, 셈하는 3R의 기초 기본 교육에 갇혀서 아이의 호기심과 흥미를 놓치고 있지는 않은가? 아이의 호기심은 아이의 내적 동기이다. 그 관찰이 바로 가장 나다운 모습으로 살아가는 출발점이다.

나답게 사는 것은?

"집이 불타고 재산을 빼앗기는 상황에서도 안전하게 지킬 수 있는 재산이 뭘까?"

"다이아몬드, 금, 보석?"

"힌트를 주자면, 그것은 모양도 색도 냄새도 없단다."

유대인 엄마가 아이들에게 내는 수수께끼이다. 금, 은, 보석을 생각했다가 모양도 색도 냄새도 없다는 그 말에 고민하게 된다. 그것은 바로 '지성'이다. 지성은 누구도 빼앗을 수 없고, 자신이 죽음을 당하지 않는 한 항상 몸에 지니고 도망칠 수 있다. 따라서 유대인답게 사는 것은 몸보다 머리를 써서 사는 삶을 말한다. 영토도 없이 무려 2,000년 동안이나 떠돌이 생활을 했던 유대인에게 지식이 최고의 재산이기 때문이다.

유대인들은 모든 대화 속에서 아이들이 머리를 쓰지 않고는 견딜 수 없게 만든다. 하지만 머리를 쓰게 한다고 여러 가지 책을 보고 많은 양의 수학 문제를 풀도록 하는 것이 아니다. 그 대신 아이가 어디에 관심과 흥미가 있는지, 어떤 특별한 창의성이 있는지, 어떤 잠재력을 품고 있는지를 주의 깊게 관찰해서 그쪽을 개발하기 위해 꾸준히 대화한다. 아이들이 가능한 한 많은 것을 직접 느끼게 하고 생각하게 만들어 열린 사고 구조를 가지게 한다. 가능한 모든 주제에 대해 대화하고 토론한다.

앞서 유대인이 유대인답게 사는 것을 이야기했다면, 이제는 나답게 사는 것이 무엇인가에 대한 스스로의 해답을 찾아야 할 차례이다. 그렇다면 나답게 사는 것은 무엇인가? 스스로에게 묻고 있는가? 아이에게 묻고 있는가? 가장 나다운 모습으로 살아가기 위해 어떤 가치를 가장 중요하게 생각하고 있는가? 가장 아이다운 모습을 찾아가는 그 여정에 어떤 질문을 던지고 있는가 생각해보아야 한다. 아이와 나누는 대화의 이유가 무엇인가? 할 일을 다 마쳤는지 확인하는 것에 그치는 대화인가? 아이의 생각이 궁금해서 서로의 생각을 나누는 대화인가?

"100명이 있다면 100개의 대답이 있다."라는 유대 격언이 있다. 유대인은 모든 주제에 대해 자신만의 생각을 가진다. 단 하나의 정답을 찾는 것이 아니라, 해답의 주인이 되어야 한다. 빨리 답을 찾는 것이 아니라 스스로 찾도록 하며, 남보다 뛰어난 것보다 남과 다르게 생각하는 것을 더 중요하게 생각한다. 경쟁에서 우열을 다투면 승자는 결국 소수에 불과하다. 하지만 각자의 특성을 존중하고 개성을 살리면 모두가 승자가 된다.

유대인만의 역사가 유대인답게 사는 모습을 만들었다면, 나만의 역사를 가진 나만의 모습을 만들어야 한다. 세상에 유일한 존재인 나만의 해답을 찾아야 한다. 아이만의 해답을 찾아 나가는 인생 여정에서 부모로서 내가 할 수 있는 일은 무엇인가? 교육학자 비고츠키(Vygotsky)의 이론에서 지혜를 발견한다.

비고츠키(Vygotsky)는 아동을 타인과의 관계에서 영향을 받으면서 성장하는 역사-사회적 존재(historico-societal being)로 보았다. 즉 인지발달은 사회학습의 결과로 본 것이다. 이것은 사회의 성숙한 구성원들과 상호작용하는 동안 자신의 문화에 적합한 인지과정이 아동에게 옮겨진다는 것이다. 따라서 언어발달은 인지발달을 위한 상호작용에 가장 중요한 변인이다. 아이의 언어발달에 가장 큰 도움을 줄 수 있는 부모와의 대화 시간이 바로 그 비밀임을 발견한다.

비고츠키는 아동이 혼자서는 해결할 수 없지만, 타인의 도움을 받으면 해결할 수 있는 근접발달영역(zone of proximal development)을 이야기한다. 이 개념은 아동의 인지발달에 부모나 교사의 도움을 유용하게 활용할 수 있다는 교육 및 학습의 중요성을 역설하고 있다. 학부 때 비고츠키와 피아제를 줄줄이 외웠던 그 순간이 불현듯 스쳐 지나갔다. 교육학 책에서 만났던 근접발달이론을 교실에서만이 아니라 가정에서 활용할 수 있어야 한다.

비고츠키가 말하는 근접발달영역의 핵심은 비계 설정(Scaffolding)이다. 비계란 아동이 주어진 과제를 잘 수행할 수 있도록 유능한 성인이나 또래가 도움을 제공하는 것을 말한다. 비계라는 용어를 공사 현장에서 들어본 적이 있을 것이다. 공사장에 설치된 임시 발판(통로)이 바로 '비계'이다. 이 비계 덕분에 건물을 잘 쌓아 올릴 수 있게 된다. 재료를 운반할 수 있고, 다른 곳으로 이어지는 통로가 되며 발판이 된다. 하지만 공사가 끝나고 나면 그 비계는 철거된다. 비계가 철거된 건물은 마치 처음부터 완전한 모습이었던 것처럼 멋지게 서 있다. 교사의 역할이 바로 이 비계처럼 수업 중에 힌트를 주는 역할인 것이다.

비단 교사만의 역할일까? 비고츠키의 '비계 설정'은 부모의 역할에서도 중요한 시사점이 있다. 아이만의 건물을 쌓아 올리는 양육의 시간, 부모님의 역할은 바로 이 비계 설정에서 찾아보아야 한다. 우리 아이만의 멋진 건물이 완성되어 가는 동안, 재료를 운반하고 다른 곳으로 이어주는 통로 역할을 할 수 있는 부모의 자리. 우리 아이만의 비계 설정을 위해 오늘 내가 할 수 있는 일이 무엇인지 생각해보는 시간을 가지기 바란다. 아이만의 건물을 쌓도록 관심을 기울이는 것, 아이의 목소리에 반응하는 것이 가장 아이다운, 나다운 모습으로 걸어갈 수 있는 시작이다.

06

나의 올챙이 적 모습을 소환하라

'개구리 올챙이 적 생각 못 한다.'

어렸을 때부터 익히 들어왔던 이 속담은 개구리 속에 숨겨진 올챙이 시절을 바라보게 한다. 이 속담은 매 순간 끊임없이 과거로의 여행을 떠나야 하는 이유를 안내한다. 부모로서 어떤 시선을 지녀야 할지 부모의 네 단어 '존재, 수용, 잠재력, 초보'에서 발견한다.

첫째, '존재'의 시선이다. 존재(存在)란 '현실에 실제로 있음. 또는 그런 대상'을 말한다. 현실에 실제로 있다는 의미의 존재는 '있는 모습 그대로'

이다. 얼마 전 친정에서 꺾어와 키우던 고무나무 한 가지가 새순을 보여 주었다. 죽은 듯이 눈에 띄는 변화가 없더니 어느 순간 새순이 올라오고 있었다. 고무나무의 새순에서 '존재'를 만났다. 무수히 많은 책과 강연에서 만났던 '있는 모습 그대로'를 단 한순간, 움트는 새싹에서 만났다. 고무나무의 새순은 처음부터 넓적한 잎 모습 그대로였다. 처음부터 완전한 잎 모습 그대로 돌돌 말려 있었다. 다만, 아직은 연한 초록빛으로 세상에 첫발을 내디딘 연약한 모습이었다. 여리디 연한 초록 잎이 세상에 얼굴을 내밀고 며칠 사이에 짙은 녹색으로 변해갔다. 고무나무가 말해준다.

"나는 아직 연약하지만, 잎맥도, 모양도 고무나무야. 나는 처음부터 고무나무였어. 새로운 환경에 적응하느라 좀 시간이 걸렸을 뿐이야. 나는 느리게 움텄지만, 나는 고무나무야."

아이들을 바라보는 부모의 시선에서 가장 중요한 것은 존재 자체로서의 소중함이다. 매일 살을 부딪치며 함께 생활하기에 쉽게 잊어버리기 쉬운 시선도 바로 존재의 소중함이다. 너무나 당연한 일상 속에서 존재의 소중함을 발견하는 눈이 가장 먼저 필요한 부모의 시선이다. 늘 새순을 올리던 화분에서 존재의 소중함을 발견하듯, 매일 만나는 아이들에게서 존재의 소중함을 바라보는 눈이 필요하다. 아이들이 말한다.

"나는 나예요. 아직 자라는 중이라서 불완전해 보이지만, 나는 나예요."

둘째, '수용'의 시선이다. 있는 모습 그대로의 존재 가치를 알았다면, 그다음 시선은 '받아들임'의 자세이다. 머리로 아는 것에서 그치는 것이 아니라, 마음으로 믿어 자녀를 있는 모습 그대로 받아들이는 것이다. 수용(受容)이란 어떠한 것을 받아들인다는 것이다. 수용의 가장 1순위 대상은 부모 자신이다. 나를 먼저 수용하고 나니 시선이 달라졌다. 나는 나의 모습조차 올바르게 수용하지 못했고, 나를 온전히 받아들이기까지 꽤 오랜 시간이 걸렸다. 지금도 끊임없이 있는 모습 그대로 수용하는 중이다.

신규 교사 시절, 스스로 체계적이었다는 착각이 무너지며 연신 날아오는 메신저와 업무에 허덕이는 나날을 보냈다. 가장 힘들었던 것은 '체계적'이었다. 교사의 필요요건인 '체계, 정리, 요약'의 부족함을 신규 시절에 만나며 좌절하는 시간을 보냈다. 초보 엄마 시절, 나는 게으름을 만났다. 아이를 위해 하루 종일 부산스럽게 움직이다 보면 언제나 지쳐서 잠이 들었다. 잠은 나의 유일한 휴식이었다. 설거지보다 잠을, 청소보다 잠을, 쇼핑보다 잠을 선택한 나는 게으른 사람이 되었다. 워킹맘으로 나는 정리벽을 만났다. 교실에서 완벽을 추구하는 모습과는 달리 집에서는 식탁 위에 가득한 물건과 정리되지 못한 장난감이 나를 대변했다. 그렇게 나는 정리와 거리가 멀었다.

'나는 체계적이지 못하다. 나는 게으르다. 나는 정리를 못 한다.'

이런 나의 모습을 받아들이기 전까지 매일 발버둥을 쳤다. 부지런해지고자 노력했고, 체계적이고자 노력했고, 정리하고자 노력했다. 그럼에도 불구하고 연신 무너짐 속에서 괴로워하며 완벽함 속에서 한없이 작아지는 나를 만났다. 하지만 이제 나는 받아들이게 되었다.

'나는 성실하다. 나는 꾸준함이 있다. 나는 내면에 관심이 있다.'

고무나무가 꽃이 되고자 노력하지 않게 되었다. 나는 '나의 나 됨'을 바라보기로 했다. 그냥 받아들이기로 했다. 그것이 내가 살아난 이유이다. 나만의 색을 찾기로 했다. 아직 잘 모르는 순간이 더 많다. 다만, 남 보기에 좋은 색을 고르는 것이 아니라, 나의 색이 무엇인지 찬찬히 바라보며 받아들이기로 했다. 그것이 '수용'이다. 나를 있는 모습 그대로 받아들이니 주변이 보이기 시작했다. 모두 저마다의 빛깔로 살아가고 있음이 보이기 시작했다. 존재의 가치를 있는 모습 그대로 받아들이는 '수용'의 자세는 내 인생 단어가 되었다.

셋째, '잠재력'의 시선이다. 잠재력(潛在力)은 겉으로 드러나지 않고 속에 숨어 있는 힘이다. 이것은 절대 그냥 눈으로 보아서는 알 수 없는 영역이다. 그 잠재력은 믿음의 눈으로 볼 수 있다.

"믿음은 바라는 것들의 실상이요 보이지 않는 것들의 증거이니"(히11:1)

"믿음은 우리가 바라는 것들에 대해서 확신하는 것입니다. 또한 보이

지는 않지만 그것이 사실임을 아는 것입니다."(쉬운 성경)

잠재력을 바라보는 믿음의 눈을 가지기 위해 여전히 노력 중이다. 그것은 앞서 말한 존재의 눈으로 보는 것이며, 수용의 힘으로 받아들이는 것이다. 그렇게 '있는 모습 그대로'의 눈을 가지게 되면 내면에 담겨 있는 가능성이 보이기 시작한다. 여전히 색안경을 끼는 순간이 찾아온다. 여전히 아무것도 보이지 않는 막막한 순간이 찾아온다. 하지만, 그럼에도 불구하고 보이지 않는 것들에 대한 증거를 바라볼 수 있는 것이 '믿음'이다. 모든 이들은 존재로서 소중하다. 소중한 존재에게 주어진 삶의 의미를 바라보는 눈은 믿음을 통해서 가능하며 그 믿음은 '잠재력'을 끌어올릴 수 있다.

넷째, '초보'의 시선이다. 존재의 소중함을 알기에 있는 모습 그대로의 수용한다. 믿음으로 바라보며 잠재력을 발현할 수 있는 힘은 '초보력'에서 나온다. 초보(初步)는 처음으로 내딛는 걸음이다. 학문이나 기술을 익힐 때 그 처음 단계나 수준을 말한다. 우리는 누구에게나 초보의 걸음을 떼는 순간이 있었다. 하지만 어느 순간 그 초보의 시절을 잊어버린 채, 'I knew it all along.(나 원래 알았어)'라는 천재 가면을 쓴다. '개구리 올챙이 적 생각 못 한다.'라는 속담을 『임포스터』(리사 손)를 통해서 새롭게 만났다. 이 책에서는 이러한 초보로의 시간여행을 '들키기 학습'이라며 명명하며, 이것이 메타인지를 높이는 방법이라고 안내한다.

개구리는 삶의 근거지가 급변한다. 물속에서 육지로 삶의 무대가 옮겨진다. 하지만 육지 생활에 익숙해진 개구리는 물속 생활의 그 초보 시절을 기억하지 못한다. 그 물속 생활이 개구리를 성장시켰으며 육지 생활을 가능하게 했음에도 말이다. 그 개구리의 모습이 바로 나의 모습이기도 하다. 현재의 나를 만든 무수히 많은 초보 시절을 쉽게 잊어버린다. 처음부터 자전거를 잘탄 것처럼, 처음부터 글씨를 바르게 썼던 것처럼, 처음부터 노래를 잘한 것처럼 초보 시절을 잊고 있다.

"왜 바르게 못 앉아 있어? 왜 글씨를 그렇게 밖에 못 써? 왜 그렇게 힘들어하니?"

초보 시절을 잊었던 지난 시간들이 부끄럽게 다가온다. 무수히 많은 시행착오의 시간을 거쳐서 현재의 내가 되었음을 숨김없이 드러내야 한다.

부모로서 나 역시 과거로의 시간 여행을 통해 초보의 순간을 기억해야 한다. 완벽한 모습 속에 감추어진 시행착오를 들키기 학습을 통해서 나타내야 한다. 아이와 나 스스로를 속이지 말아야 한다. 현재의 나는 무수히 많은 초보 시절을 통해 만들어졌음을 기억해야 한다. 부모는 끊임없이 초보 시절로의 여행을 떠나야 한다. 그것이 존재를 보는 힘이요, 수용하는 힘이며, 잠재력을 발견하는 힘이다.

07

메타인지는 한번 해보는 용기

"To error is human(인간은 누구나 실수하기 마련이다)."

– Alexander Pore

실수하는 것이 인간이다. 인간은 누구나 실수한다. 실수에 대해 좀 더 유연한 사고를 가지게 되는 것은 육아의 터널을 통과하면서이다. 아기 시절을 까맣게 잊은 부모는 아이를 키우며 유아기 시절로 시간여행을 떠난다. 아이 앞에서 완벽한 부모의 모습으로 서는 것이 아니라, 실수하고 노력하는 그 모든 과정을 보여주는 시간이다.

메타인지란 내가 무엇을 알고, 무엇을 모르는지 스스로를 볼 수 있는 능력을 말한다. 이 능력을 통해 나의 부족한 부분을 채울 수 있는 초고도의 인지능력이 발현되는 시간이기도 하다. 하지만 메타인지를 통해 발견한 나의 부족함으로 인해 스스로를 더욱 낮게 평가절하는 경우가 다반사이다. 진정한 메타인지란 나의 부족함을 알게 되었기에 아무것도 시작하지 못하는 것을 의미하지 않는다. 메타인지로 인해 나의 수준이 어느 정도인지 파악했기에 부족한 부분을 보완해서 '다시 일어설 수 있는 용기'가 바로 메타인지이다. 『메타인지 학습법』(리사손)에서는 "용기를 키우는 힘"이 메타인지라고 소개한다.

좌절의 순간이 찾아왔을 때 포기하지 않고 다시 시작하는 힘은 어디서 나오는가? 바로 아주 작은 성취의 순간이다. 젓가락질을 하지 못했던 무수히 많은 시간 후에 마침내 콩을 집게 된 순간이 온다. 그 한 번의 성취감은 다시 한 번 시도할 수 있는 힘을 남긴다.

'어? 여러 번 해보니까 되는구나! 한 번 더 해보면 되겠구나!'

이 작은 성취는 또 다른 성취로 이어진다. 알약을 삼키지 못하던 내가 어느 순간 알약을 삼키게 된 순간이다. 아이스스케이트를 타면서 무수히 많이 넘어진 시간이 만들어낸 스스로 일어나는 시간이다. 피아노 앞에서 보낸 무수히 많은 시간은 자유자재로 피아노를 칠 수 있게 되는 순간을 선물해준다.

나 역시 대회에 나가서 큰 성과를 올리는 것이 아이의 성취를 높일 수 있는 것이 아닌가 생각했다. 하지만, 꼭 큰 대회에 나가지 않더라도, 집에서 아침에 일어나서 자신의 이불을 정리하는 사소한 일, 학교 다녀와서 물병을 싱크대로 옮겨놓는 단순한 일, 매일 알림장을 성실하게 기록하는 그 꾸준함, 매일 하루 세 번 양치하는 그 성실함이 꾸준히 쌓여도 아이들은 메타인지를 발산할 수 있다.

사실 나의 메타인지가 가장 많이 활성화되었던 때가 언제인가 생각해보면 코로나 시기이다. 이 시기에 나는 엄마로서 할 수 있는 것이 별로 없다는 것을 깨달았다. 나의 삶을 내 스스로 통제해온 것처럼, 학급의 아이들을 학급 규칙에 맞게 이끌어온 것처럼 나의 자녀들도 나의 통제권 안으로 들어올 수 있다고 단단히 착각했다. 16년간 교사 생활을 하면서 그 누구보다 다양한 아이들을 경험했고, 아이들의 심리를 잘 알고 있다고 생각했다. 하지만, 아들이 음식을 삼키지 못하는 경험을 함께 겪어나가며 나는 아무것도 알지 못한다는 사실 앞에 좌절했다. 언제부터 음식을 삼키지 못하게 되었는지 알고 있는 사람은 아들 자신이었을 것이다. 하지만, 무엇이 이유가 되어서 삼키지 못하게 되었는지 그 이유를 살피는 것이 중요한 것이 아니었다. 지금 당장 음식을 삼킬 수 없는 아들의 마음을 헤아리는 것이 먼저이다.

"음식이 들어가면 거북이가 목을 쏙 집어넣는 것처럼, 달팽이가 건드리면 집 속에 들어가는 것처럼 그렇게 목구멍이 좁아지는 것 같아."

아들에게 이유를 밝히기 위한 노력보다 아들과 함께 다른 것에 집중하며 노는 것이 더 필요했다. 엄마와의 시간이 더 필요했다. 왜 그토록 모든 일을 이겨야만 하는지 아들의 기질을 파악하는 것이 먼저였다. 나는 그동안 아들을 많이 안다고 생각했지만, 모르고 있었는지도 모른다.

그 당시 내 메타인지는 나의 부족함을 빨리 깨닫고 아들의 입장이 되어보는 것으로 안내했다. 원인을 밝히는 것이 중요한 것이 아니라, 아이의 낮아진 마음을 회복하는 것이 먼저라는 깨달음이었다. 잘잘못을 가리고자 하는 것이 아니라, 아이는 무조건적으로 사랑받아야 하는 존재임을 바라보게 되었다. 나는 늘 바쁘고, 정해진 것을 제한 시간 내에 해내야 했다. 하지만, 그렇게 쳇바퀴 돌듯이 보냈던 시간들이 무의함을 경험했다.

음식을 씹으면 당연히 삼켜지는 그 당연한 일이 당연한 것이 되지 않는 아들의 마음의 성장 과정을 살피는 것이 우선이었다. 본인 스스로가 많이 위축되었다.

"나 왜 못 삼키는 거야? 뭔가 문제가 있는 거야?"

스스로가 문제가 있다는 판단에 아들의 불안은 커졌다.

"잘 삼켜질 때도 있고, 안 삼켜질 때도 있지. 우리 굿닥터 선생님 말씀

기억나지?"

"응, 지켜보입시더! 맨날 그렇게 말씀하셨잖아."

"그래, 지켜보자. 다시 좋아질 거야."

메타인지는 스스로의 모습을 모니터링해서 컨트롤 해나가는 능력이다. 아이도 어른도 평생에 걸쳐서 이 메타인지를 발달시켜나가며 성장할 것이다. 무수히 많은 시행착오의 시간은 스스로를 컨트롤하는 능력을 높여준다. 음식을 삼키기 위한 시도, 스스로의 상황을 파악하며 극복하고자 하는 노력, 이 모든 시간이 하루하루 쌓여서 아들은 그 시절을 이야기하며 웃을 만큼 성장했다.

아들이 이런 말을 전해왔다.

"엄마, 나 흑역사가 떠올랐어. 예전에 목이 답답하고 숨 막히다고 한 거…. 그때 왜 그랬는지 몰라. 아무것도 아니었는데…."

아무것도 아니었다고 스스로 고백하기까지 아들에게는 무수히 많은 시도의 시간이 있었다. 혼자서만 극복해야 했던 두려움의 순간이 있었다. 아들의 시도를 곁에서 지켜보는 엄마의 무수한 기다림의 시간도 있었다. 내가 무엇을 알고 무엇을 모르는지 스스로를 객관화하며 한발 뒤에서 바라볼 수 있었던 가장 큰 힘은 '대화'였다. 아이가 스스로 극복해낼 수 있음을 믿고 기다려주면서 아이의 흥미와 호기심을 따라 반응하는 대화의 시간이었다. 그 대화의 시간은 아이가 스스로를 살피고, 엄마도 스스로를 살피는 시간들로 쌓였다. 그 쌓이는 시간들은 한번 해보는 용기로 차곡차곡 쌓여 있었다.

메타인지란 무엇인가? 다시 한마디로 정의하면 "한번 해보는 용기"이다. 아이들의 행복한 삶을 위해서는 성장을 해야 하고 성장을 하려면 두려움을 이겨내는 용기가 필요하다. 아들은 비타민이 목에 걸렸던 끔찍한 기억이 음식을 거부하게 만들었다. 물론 또 다른 이유들이 아들을 두렵게 만들었을 것이다. 스스로의 메타인지를 발휘해서 음식을 삼키지 못하는 스스로의 모습을 모니터링하는 시간이 있었다. 그리고 스스로 컨트롤 하면서 음식을 넘겨도 괜찮다는 안정감을 느꼈다. 그리고 다시 용기를 내어서 음식을 삼키기 시작했다. 하루아침에 변화되지 않았다. 서서히 오랜 시간을 통해서 스스로 모니터링하고 컨트롤하면서 가장 안정감을 느낀 그 시점에 변화되었다.

아이가 메타인지를 사용하려면 두려워하지 않는 자신감과 용기가 있어야 한다. 포기하지 않는 용기, 도전하는 용기, 실수를 극복하는 용기, 창피함을 무릅쓰는 용기, 모르는 것을 인정하는 용기, 다른 사람에게 물어보는 용기 등 생각보다 엄청나게 많은 용기가 필요한 것이 바로 메타인지이다.

그때 만난 영화가 〈이상한 나라의 수학자〉였다. 이 영화에서는 '수학적 용기'라는 표현이 나온다.

"문제가 안 풀릴 때 화내고 포기하는 대신, '아, 이거 참 어렵구나. 내일 다시 해봐야겠구나. 이것이 수학적 용기야.'"

영화에서 말한 수학적 용기는 모든 순간에 필요하다. 국어적 용기, 과학적 용기처럼 단지 학습 위한 용기가 아니라, 스스로의 삶을 주체적으로 살아가기 위한 내적 용기가 필요하다. "한번 해보는 용기"가 바로 메타인지이다.

08

자신만의 눈으로 세상을 바라보는 능력

2020년 전 세계적인 팬데믹 앞에서 모두 멈춰 서면서 디지털 세계는 더욱 가까워졌다. 줌으로 수업이 이루어지고, 회의가 이루어지며 면대면의 관계보다 작은 화면 속에서의 만남이 일상이 되었다.

"빅스비, 오늘 미세먼지는?"

각 가정에 인공지능(AI) 기계들이 자연스럽게 한 영역을 차지하게 되었다. 음식점부터 문구점, 과일 가게 등 무인 가게들이 하나둘씩 자리 잡았다. 키오스크에서 계산하는 것이 당연한 시대를 살고 있다. 아이들은 '포켓몬 고'에 관심을 보이며 디지털과 현실 세계와의 끊임없는 만남을 시도하고 있었다. 하지만, 나는 아이들에게 휴대폰과 전자 기기의 단점을 나열하며 관심을 다른 것으로 돌리느라 애쓰고 있었다.

"밖에 나와서까지 게임을 하며 포켓몬을 잡으러 다닌다고?"

미지의 세계에 대한 막연한 두려움이 가득했던 시기였다. 온종일 게임에 빠져 있는 아이들, 유튜브 채널에 시선이 고정된 아이들, 쉬는 시간에도 삼삼오오 모여 게임 캐릭터를 신나게 이야기하는 아이들을 바라보며 걱정스러운 시선을 가졌던 때였다. 나는 시대의 흐름에 그냥 휩쓸려가고 있었을 뿐 그 어떤 생각도 주관도 나에게 머물러 있지 않았던 시간이었다. 막연한 두려움이었다.

한국인 이야기 시리즈 『너 어떻게 살래』(이어령, 2022)에서 나의 불안이 마치 코끼리를 보았던 그 두려움이었음을 만나게 되었다. 코끼리를 처음 본 동양 사람의 반응이 마치 이 시대의 반응이며 나의 반응은 아닌지 이 책에서 역설하고 있다.

강희 시대에 코끼리가 사나운 범 두 마리를 죽인 일이 있었다. 범을 죽이고 싶어서 한 것이 아니라 범의 냄새를 싫어하여 코를 휘두른 것이 잘못 부딪쳤던 것이다. 코끼리는 범을 만나면 코로 때려눕히니, 그 코는

> 천하에 상대가 없으나 쥐를 만나면 코를 가지고도 쓸모가 없어 하늘을 쳐다보고 멍하니 섰다니, 이렇다고 쥐가 범보다 무섭다고 하면 하늘이 낸 이치에 맞다고 못 할 것이다. 언제나 생각이 미친다는 것이 소 · 말 · 닭 · 개뿐이요, 용 · 봉 · 거북 · 기린 같은 짐승에게는 생각이 미치지 못한 까닭이다.
>
> – 박지원, 『열하일기』, 상기(象記)

나의 생각이 머무는 자리가 딱 여기까지였음을 만난다. AI에 대한 생각도 단지 이미 경험한 것으로 떠올릴 수밖에 없다. 이미 경험한 소, 말, 닭이 내가 본 것의 전부이기 때문이다. 조선 시대에 코끼리를 처음 만났을 때의 그 놀라움과 두려움은 지금의 우리가 만나는 AI에 대한 두려움으로 비유하니 금방 이해가 되었다.

거대한 덩치에 비해 풀만 먹는 코끼리도 그 정체를 알 수 없었을 때는 막연히 두렵고, 인간을 해친다고 생각했다. 21세기를 살고 있는 우리가 보면 얼마나 우스운 이야기인가? 하지만 세종실록 11권, 태종실록 24권에 적힌 기록을 살펴보면, 정말 진지하다. 코끼리를 화나게 하고 밟혀 죽은 이야기, 코끼리를 외딴섬으로 귀양 보낸 이야기, 코끼리 사육의 어려움을 호소하는 상소문, 병들어 죽지 말게 하라는 전교를 내리는 세종대

왕까지 간결한 문체 속에서도 그 시절의 어려움이 느껴진다.

"물과 풀이 좋은 곳을 가려서 이(코끼리)를 내어놓고, 병들어 죽지 말게 하라."

-『세종실록』 11권, 세종 3년 3월 14일 병자

우리는 아직 만나보지 못한 거대한 AI 코끼리 시대에 살고 있다. 과거를 통해서 지혜를 얻고 미래를 위한 걸음으로 나아가자는 제안이 현명한 이유이다. 인공지능에 그리는 인간의 무늬 "너 어떻게 살래?"라고 묻는다. 디지털과 아날로그의 결합을 이야기한다. 거대한 코끼리 앞에서 두려웠지만, 물과 풀이 좋은 곳을 가려서 코끼리를 내어놓고 병들어 죽지 말게 하라는 그 따스한 마음이 전해진다. 차가운 인공지능에 인간만의 무늬를 그려 넣으라고 한다. 그리고 한 가지 희망적인 것을 발견한다. 똑같은 인공지능에서도 문화의 차이가 있다는 것이다.

한국과 일본의 똑같은 인공지능 '시리'에게 물었다. "지구는 언제 멸망해?"라는 질문에 일본 시리는 "지구가 멸망하는 것을 내가 알고 있다며 알려드리겠지요. 그래서 최후의 그 멋있는 하루를 위해서 온 생명을 불어넣고, 함께 아이스크림을 먹거나 해안가를 달릴 겁니다." 이런 재치 있는 답변이 나온다.

– 마쓰오 유타카, 『인공지능은 인간을 초월할까?』, KADOKAWA, 2015

한국 시리는 일본처럼 재치 있는 답변 대신 "다음은 제가 '지구는 언제 멸망해'에 대해 찾은 검색 결과입니다."라는 대답과 함께 인터넷 검색 결과를 쭉 띄워 보여주었다. 똑같은 시리, 똑같은 아이폰인데 문화의 차이에 따라 시리가 달라진다는 말이다.

실제로 나는 휴대폰의 인공지능 기능을 정보 검색용으로만 활용하고 있기에 이 사실을 발견하고는 사뭇 인공지능에 대한 자세가 달라졌다. 아이들은 빅스비에게 다양한 질문을 시도한다.

"하이 빅스비, 몇 살이야?"

"숫자로 저를 담으려면 끝이 없답니다."

"시리가 좋아, 빅스비가 좋아?"

"당연히 빅스비가 좋죠. 누구와 비교해도 자신 있어요."

"끝말잇기 할래?"

"좋아요. 제가 먼저 시작할게요. 해질녘!"

인공지능과 아이다운 장난을 많이 칠 수 있는 것, 인공지능을 멀리 있는 어려운 존재가 아니라, 친구처럼 놀이를 할 수 있는 대상으로 삼을 수 있는 것도 아이들의 생각에서 나올 수 있는 발상이다. 아이의 시선은 가장 '나다운' 모습을 발견하는 시작이다. 우리 아이들은 태어나면서부터 인공지능을 경험한다. 인공지능을 막연히 두려워하는 존재가 아니라, 아주 자연스럽게 활용할 줄 아는 세대이다. 미래에서 온 아이들, 한정된 시야로만 바라보지 않기를 되뇌어본다.

인공지능에 그리는 인간의 무늬는 자신만의 눈으로 세상을 바라보는 능력이다. 세상에 유일한 나만의 지문을 인공지능에 남길 수 있는 것이 바로 세상을 바라보는 능력이다. 이 능력은 아이 안에 이미 있다. 아이만이 가지고 있는 그 고유한 능력을 세상에서 하나씩 하나씩 발견해나가는 자리에 부모는 함께 하고 있다. 막연히 두렵기만 한 미래의 모습에서 자녀의 잠재력과 부모의 과거 경험이 한데 어우러져 우리 가정만의 무늬를 인공지능에 그려나가기를 바란다.

아이를 향한 믿음의 시선은 우리 아이의 자존감으로 이어진다. 그 믿음의 시선은 스스로에 대한 믿음으로 성장한다. 우리 아이들이 스스로의 가능성을 믿는 믿음으로 미래를 이겨내기를 소망한다. 다가오는 미래, 자존감이 핵심이다.

2장

아이가 단단한 어른으로 자라길 바란다면

01

아이의 시행착오를 묵묵히 지켜보라

"해보자. 해보자. 해보자. 해보자. 후회하지 말고."

코로나 속에서 개막한 2020 도쿄 올림픽의 한 장면이다. 배구 세계 랭킹 14위인 한국은 조별리그 3차전에서 세계 랭킹 7위 도미니카공화국을 만났다. 2:2 세트 스코어로 접전을 벌이는 경기에서 마지막 5세트 경기 전 김연경 선수의 외침이 바로 '해보자 리더십'이다.

코로나 속 스포츠의 힘은 대단했다. 무더운 여름을 단숨에 날려버린 뜨거운 경기였다. 아이들과 함께 응원하며 모두 한마음이 되었다.

이 '해보자 정신'은 아이들과의 배드민턴 시합에서도, 탁구 시합에서도, 보드게임에서도, 생활 속 작은 실수 속에서도 유행어처럼 번져나갔다.

"해보자. 해보자."

그렇게 긍정적인 변화가 시작되었다.

아들의 음식 거부 8개월이 지나면서 나의 태도가 많이 달라졌다. 눈에 보이는 현상에만 집중하던 눈에서 현상 이면을 보는 눈이 생긴 것이다. 음식을 삼키지 못하는 것에 집중할 것이 아니라, 아이와의 관계 회복에 더 집중하게 되었다. 아이가 흥미를 보이는 것이 무엇이며, 아이가 즐거워하는 것이 무엇인지 관심을 가지기 시작했다. 그때 아들은 비행기 접기에 한참 빠져 있었다. 돌아오는 비행기, 초고속 비행기, 오래 나는 비행기 등등 비행기의 종류가 그렇게 많은지 아들을 통해서 알게 되었다.

그러던 어느 날, 코로나 속 학예회가 진행되었다. 아들은 종이비행기 날리기 영상을 만들고 싶어 했다. 그렇게 우리는 매일같이 종이비행기를 접고 날리며 다양한 영상을 만들기 시작했다. 집 앞, 공원 등 어느 장소에서든 비행기를 날리며 동영상 촬영을 시작했다. 생기 넘치는 아들의 모습이 보였다.

"'넌 할 수 있어.'라고 말해주세요."

아들은 이 곡을 영상의 배경음악으로 선곡하고 자막도 함께 넣었다.

단 4분의 영상을 만들기 위해 무수히 많이 접었던 종이비행기였다. 무수히 많이 날린 종이비행기였다. 그 모습을 영상에 고스란히 담았다. 이 영상을 보고 가장 많이 감동한 사람은 다름 아닌 우리 가족이었다. 그리고 그 영상으로 학예회를 마친 아들 자신이었다.

하고 싶은 것을 찾아가는 무수히 많은 시행착오의 과정, 그 속에서 겪게 되는 무수히 많은 실수와 실패, 그 과정을 딛고 일어나는 힘. 그 모든 것을 아들에게서 배웠다. 그러던 어느 날, 아들은 코로나 속 언택트 종이비행기 챌린지가 열린다며 응모해보자고 하였다. 마침 찍어둔 영상으로 응모를 했다. 결과는 편의점 상품권으로 만족해야 했지만, 아들은 본인의 노력으로 과자 파티를 할 수 있어서 뿌듯해했다. 호기심과 열정, 도전의 과정을 오롯이 함께 경험할 수 있었던 감사한 순간이었다.

2020 도쿄올림픽의 김연경 선수가 전한 '해보자 리더십'에서 도전 정신을 배웠다. 아들의 호기심으로 시작된 종이비행기에서 '넌 할 수 있어'를 만났다. 사실 학예회에서 태권도, 악기 연주 등 멋진 공연에 참여하기를 바라는 것이 모든 부모님의 마음일 것이다. 나 역시 그러했다.

"종이비행기를 날린다고?"

이전의 나였다면 이렇게 되물었을 것이다. 하지만 아이의 시선으로 바라본 종이비행기는 신기함 그 자체였다. 그렇게 아이의 학예회는 마무리

되었고, 친구들의 학예 발표를 지켜본 아들은 그날부터 피아노 사랑이 시작되었다. 친구의 〈Summer〉 연주를 들은 아들은 그날 이후로 관심사가 피아노 연주곡으로 바뀌게 되었다. 그리고 피아노를 지금까지 잘 배우고 있다.

하나의 호기심이 채워지는 경험을 한 아이라면 그 어떤 것도 이루어낼 수 있다는 믿음이 생겼다. 아이의 호기심에 부모의 전폭적인 지지와 관심을 경험한 아이라면 새로운 도전도 신나게 참여할 수 있을 것이다. 아이의 자신감을 키우는 방법은 특별한 것이 아니다. 부모의 기준과 기대에 맞추는 것이 아니라, 아이의 호기심과 관심사에 시선을 맞추는 것이 먼저이다.

내가 생각하는 최고의 자신감 수업은 자기의 관심 분야를 신나게 이야기할 수 있는 경험이라고 생각한다. 그것이 게임이든, 연예인이든 무엇이든지 간에 자신이 좋아하는 일에 흠뻑 빠져보고 신나게 이야기해본 경험이 있는 아이라면 다른 것도 그렇게 즐기며 해낼 수 있다는 가능성이 보인다. 그 시간을 겪은 아이는 다른 것도 할 수 있다. 아이의 관심사를 들어주는 부모, 그것이 바로 아이 자신감의 뿌리이다.

유대인의 정신적 문화 저변에는 '후츠파 정신(Chutzpah)'이 존재한다.

후츠파는 '뻔뻔한 용기, 주제넘은 오만'이라는 뜻이다. 여기에는 유대인의 교육, 회사 운영, 사회 운영의 원리가 모두 담겨 있다. 한마디로 유대인 정신의 핵심이다. 이런 후츠파는 하브루타에서 온 것이다. 예시바(이스라엘 도서관)에서 탈무드를 가지고 둘씩 짝을 지어 하브루타를 하고 있을 때, 다른 사람에게 다가가서 처음 본 사람과도 바로 탈무드 논쟁을 하는 것에서 후츠파가 생겨났다. 이들이 낯선 사람과 거리낌 없이 논쟁을 시작할 수 있는 것은 '만나는 모든 사람에게서 배울 수 있다'는 탈무드 정신 때문이다. 이러한 모습은 때때로 어른들의 권위가 강하게 작동하는 환경에서는 당돌한 모습으로 비춰질 수 있다.

후츠파 정신에서 '당돌함'을 '당참'으로 이해한다면, 형식 타파의 새로운 시선을 가질 수 있다. 형식 타파의 시선을 가지려면 아이가 하는 말과 행동을 있는 그대로 인정해야 한다. 비도덕적인 일이거나 남에게 피해를 주는 행동이 아니라면, 아이가 하는 모든 행동은 아이의 개성이라고 생각해야 한다. 부모의 관점, 다른 누군가의 관점이 아닌 아이의 관점으로 아이를 바라봐야 한다.

"담대하게 한번 해보자."

아이가 무슨 일이든 담대하게 해볼 수 있는 경험의 시작은 부모의 반응에서 나온다. 경험의 기회를 많이 제공해주는 것도 중요하겠지만, 아이의 호기심에 대한 부모의 반응이 아이의 경험을 불러오는 것이다. 그리고 무엇보다 중요한 것은 실패로부터의 학습이다.

"이제 실패하지 않는 또 하나의 방법을 알게 되었구나."

"스스로 큰 배움을 얻게 되었네."

아이의 실패는 온전히 아이의 것이다. 아이가 실패를 통해서 나만의 새로운 방법을 하나 터득하게 되었다는 경험이 바로 실패로부터의 학습이다.

철들지 않아도 괜찮은 나이

제제의 밍기뉴, 『나의 라임 오렌지 나무』를 딸과 함께 읽었다. 오랜 기억 속 서랍장을 열어본 기분이었다. 아빠를 위한 제제의 노력이 잔인한 매로 마무리되는 장면에서는 같이 화가 났다. 전지적 작가 시점에서만 보이는 제제의 사랑스러운 모습이 아빠에게는 보이지 않았기 때문이었다. 나 또한 순수한 아이들의 생각을 바라보는 눈을 감아버리지는 않았는지 생각하게 되었다.

제제가 아빠처럼 대했던 뽀루뚜가가 교통사고로 죽게 되었을 때, 그는 온종일 토하면서 아무것도 먹지 않았다. 제제가 계속 아무것도 먹지 않자 의사 선생님은

"이건 자기 스스로 이겨내야 한다."라고 말한다.

다른 누구도 해결해줄 수 없는 감정의 소용돌이를 제제는 스스로 이겨낸다. 뽀루뚜가의 죽음은 어릴 때 느낀 것보다 더 크게 느껴져서 가슴이 아팠다. 하지만 딸은 나와 다른 시선에서 보고 있었다. 딸은 오히려 마지막 편지에서 제제의 당당한 목소리를 느낄 수 있어서 마음이 놓였다는 것이다.

사랑하는 마누엘 발라다리스(뽀루뚜가) 씨, 오랜 세월이 흘렀습니다. 저는 마흔여덟 살이 되었습니다. 때로는 그리움 속에서 어린 시절이 계속되는 듯한 착각에 빠지곤 합니다. 언제라도 당신이 나타나셔서 제게 그림 딱지와 구슬을 주실 것만 같은 기분이 듭니다. 나의 사랑하는 뽀루뚜가, 제게 사랑을 가르쳐주신 분은 바로 당신이었습니다. 지금은 제가 구슬과 그림 딱지를 나누어주고 있습니다. 사랑 없는 삶이 무의미하다는 것을 알기 때문입니다. 때로는 제 안의 사랑에 만족하기도 하지만 누구나와 마찬가지로 절망할 때가 더 많습니다.

그 시절, 우리들만의 그 시절에는 미처 몰랐습니다. 먼 옛날 한 바보 왕자가 제단 앞에 엎드려 눈물을 글썽이며 이렇게 물었다는 것을 말입니다.

"왜 아이들은 철이 들어야 하나요?"

사랑하는 뽀르뚜가, 저는 너무 일찍 철이 들었던 것 같습니다.

영원히 안녕히!

우바뚜바에서

1967년

—『초등학생을 위한 나의 라임오렌지 나무』(J.M. 바스콘셀로스)

너무 일찍 철들어버린 제제의 편지글에 가슴이 먹먹했다. 하지만, 마흔 여덟의 제제는 용기 내어 어린 시절의 자신과 마주한다. 그 용기는 구슬과 그림 딱지를 나누며 사랑을 보여준 뽀루뚜가 덕분이다. 누구에게나 필요한 사랑의 양동이를 제제는 뽀루뚜가를 통해서 채울 수 있었다. 부족한 듯 했지만, 그마저도 제제에게는 충분했다. 채워진 사랑의 양동이는 자연스럽게 흘러넘쳐서 다른 이에게 전해진다.

사랑하는 뽀루뚜가를 잃은 제제의 텅 빈 가슴을 다시 채울 수 있었던 것은 그에게 받았던 사랑 덕분이었다. 뽀루뚜가는 곁에 없지만, 그가 남겨준 사랑은 마흔여덟이 되어도 이어지고 있었다. 제제의 아픔을 없앨 수는 없지만, 제제가 처한 아픔을 이겨내는 과정에 무엇이 힘이 되어주었는지는 발견할 수 있다.

우리 자녀에게도 마찬가지이다. 아이들이 부딪히게 되는 많은 시행착오의 경험 앞에서 그 모든 것을 내가 해결해줄 수 없다. 그 모든 짐을 나누어질 수 없다. 다만, 철없는 어린 시절의 무수히 많은 시행착오를 통해 아이만의 해결 방법을 찾아서 스스로 겪어나간다. 엄마가 줄 수 있는 메시지는 "그럴 수 있어. 실수해도 괜찮아. 다시 해보자."

제제는 부모님께 받지 못한 사랑을 뽀루뚜가 씨에게 받는다. 아주 미약한 사랑도 아이가 다시 일어설 수 있는 힘이 된다. 무엇인가를 더 많이 해주고자 하는 부모의 마음은 늘 부족하기만 한 자신을 보게 한다. 더 해주지 못해서 미안해하기보다, 아이의 시행착오를 묵묵히 보아줄 수 있는 여유와 믿음이 먼저 필요하다.

아이들은 자란다. 마냥 장난만 치고, 친구를 괴롭히고, 말썽을 부리던 제제도 성인이 되었다. 그때 제제의 마음을 물어보았다면, 제제가 왜 갑자기 아빠 앞에서 이상한 노래를 불렀는지 아빠가 관심을 가졌다면 어떻게 되었을까? 너무 일찍 철들어버린 제제가 아빠를 위해 불러주었던 노래는 어른의 눈에는 저급한 가사의 생각 없는 행동이었다. 하지만 제제는 생각하고 있었다.

'아빠가 힘들어 보이네. 이 노래가 아빠를 웃게 할 수 있겠지?'

아이들은 자라는 중이다. 그 모습에는 부족함이 가득 보인다. 아직은 미숙한 순간이 많다. 당연하다. 아직 자라는 중 아닌가? 어른이 되어 만난『나의 오렌지 나무』는 동심을 되찾아주었다. 무언가를 더 해주지 못해서 늘 미안한 나에게 아이들은 이미 가지고 있기에 그 안에 있는 것을 끌어내주는 것이 내가 할 일이라는 생각에 이른다. 어떻게 끌어낼 수 있는가? 아이다운 모습으로 자라도록 기다려주는 것. 있는 모습 그대로 보아주는 것. 내가 원하는 모습으로 자라주기를 바라며 나의 기준으로 아이를 재단하는 것이 아니라 아이가 이미 가지고 있는 것을 바라보는 것이다.

다시 만난 제제를 통해 채워야 할 사랑의 양동이를 보게 된다. 우리 아이들의 사랑의 양동이가 한 방울, 한 방울 채워지며 눈을 뜨게 된다. 하루하루 철들어가는 아이들, 아직 철들지 않아 보이지만, 자라나고 있는 아이들을 보며 눈 감지 않겠다고 다짐한다. 내가 할 일은 이 아이가 마흔여덟의 제제처럼 어른이 되어서 또 다른 누군가에게 그 사랑을 전해주기를 기대함으로 오늘도 사랑을 심는 것이다. 아이를 향한 믿음을 심는 것이다. 그것이 내가 채워야 할 사랑의 양동이이다.

02

삶에 분명한 기준을 제시하며 믿어줘라

아이가 보내는 신호, 멈추어버린 나의 시간

'내가 멈춘 줄 알지? 아니야, 나는 이렇게 흐르고 있는 걸.'

임용고사에 떨어지고, 추운 겨울 설악산의 권금성에 올랐다. 친구들은 졸업을 앞두고 설레는 마음으로 겨울방학을 맞이했는데 나는 다시 1년을 준비해야 한다는 좌절감에 오른 산이었다. 꽁꽁 얼어붙은 폭포를 바라보며 이런 생각이 들었다. 단 한 순간도 멈추지 않았을 세찬 폭포의 물줄기를 추위는 얼려버렸다. 하지만 그 속에 흐르고 있는 물줄기를 보는 눈을 나는 그때 가지게 되었다. 얼음의 한 겹 안으로 들어가면 그 속에서 세차게 흘러내리고 있을 폭포수를 그 겨울 산에서 만났었다. 누구에게나 멈춤의 순간이 찾아온다. 외부의 시선에서 보면 멈춘 것 같으나 결코 멈춘 것이 아니다. 끊임없이 흐르고 있는 시간이다.

나는 코로나 팬데믹 중에 신설교에 발령을 받고 3월 개교를 준비하며 겨울방학에도 매일 출근을 했다. 학교의 온라인 개학은 학원의 온라인 수업으로 이어졌고, 모든 운동 시설은 휴업이었다. 활동적인 아들의 에너지를 발산할 장소가 없어졌다. 친구를 초대하는 것조차 힘들어진 상황, 놀이터에는 아이들의 웃음소리가 사라진 지 오래 되었다. 놀 곳을 잃어버린 아이들은 컴퓨터 앞에 모였다. 마인크래프트와 로블록스는 아이들의 온라인 세상 놀이터였다. 유튜브는 아이들의 예능프로가 되었다. 2년간 이어진 온라인 수업은 온라인 세계에 더 가까워지는 계기가 되었고, 학교는 가기 싫은 곳이 되었다. 이대로 괜찮은가? 출근하는 발길이 떨어지지 않는 나날의 연속이었다.

매일 잠자리에서 다양한 이야기를 하던 아들이 어느 날, 나의 수입을 물었다.

"엄마, 근데 얼마 벌어?"

"갑자기 얼마 버는지가 궁금해?"

"그냥…. 엄마는 학교 가야 하지…. "

그날 밤, 아이를 재우며 결심하게 되었다. 어쩌면 이게 아이가 보내는 신호라는 생각이 들었다. 전 세계가 두려움에 떨고 있는 코로나 상황, 텅 빈 집, 바쁜 엄마, 혼자 남겨진 시간, 끊임없는 영상 노출, 음식 거부, 틱 증상…. 아들의 신호에 응답하기 위해 휴직을 결심했다. 쉽지 않은 결정이었다.

누구보다 책임감이 강하다고 생각했는데 아들에게 엄마로서의 책임을 다하기 위해 직장에서는 무책임하게 돌아서야 하는 아이러니한 결정 앞에서 오래도록 고민했다. 무책임한 결정이 책임감 있는 엄마의 자리로 돌아가는 길이라는 고민 속에서 나는 엄마를 선택했다.

그렇게 멈춤의 시간이 시작되었다. 코로나로 아이들은 온종일 온라인 수업이었다. 각자 방에 들어가서 수업을 듣는지 온라인 영상을 보는지 알 수 없었다. 직업병처럼 가르치고자 하는 참견과 잔소리가 늘 함께였다. 함께 시간을 보내면 금방 회복될 것이라고 여겼지만, 그 멈춤의 시간은 나를 온전히 내려놓는 시간이었다. 16년이라는 시간 동안 무수한 학생들을 만나며 그 누구보다 학생을 잘 이해한다고 생각했다. 그것은 단단한 착각이었다. 엄마는 정말 다른 자리였다. 알지만 모르는 척, 할 말이 많지만 마음에 담아두고 적재적소에 이야기할 수 있는 능력을 겸비해야 하는 자리가 엄마 자리였다.

코로나의 사회적 거리두기가 가정에서는 지켜지지 않았다. 외부 출입은 차단되고 온종일 함께 생활하는 구조 속에서 이혼율이 급증했다는 뉴스 보도를 접하고 나 역시 고개를 끄덕였다. 긴 시간 서로의 허점을 온전히 보여주는 것이 가장 큰 어려움이었다. '따로 또 같이'의 전략을 펼치며 가족들과 함께 생활하는 코로나의 시간은 나의 바닥을 온전히 만나는 시간이었다. 어디에서부터 무엇을 해결해 나가야 할지 앞이 막막한 순간이었다.

'엄마의 자리는 뭐지? 어디서부터 잘못된 거지?'

끊임없이 질문을 던지는 시간이었다. 독서, 강연, 비폭력 대화, 상담, 식단 조절, 음식 만들기 등 모든 방법을 총동원하며 흐트러진 것을 바로 잡기 위한 노력이 시작되었다. 매일 밤 아이들의 발을 씻어주는 것부터 시작했다. 비누 방울을 크기별로 불어가며 스킨십 놀이를 이어갔다. 다양한 집콕 놀이를 함께 찾아보며 하루하루를 보냈다. 연일 보도되는 확진자 수는 아이들의 불안감을 높이는 요소가 되어서 뉴스와는 잠시 멀어지고자 했다.

철저하게 마스크 교육을 받은 아이들, 마스크를 벗으면 큰일이 나는 줄 아는 아이들, 놀이터에서 뛰어 놀고 싶어도 마음껏 놀 수 없었던 아이들. 집 근처 나지막한 뒷산이 유일한 운동코스였다. 봄에는 진달래를 만나고, 초록 잎을 만났던 산책 코스가 어느새 무성한 나뭇잎을 자랑하는 여름이 되었다. 모든 변화에는 고원 현상이 있듯이, 아들의 변화 역시 세 발자국 전진하면 한 발자국 후퇴하는 지난한 시간이 반복되었다. 엄마가 아이 옆에 있다고 드라마틱한 변화가 당장 눈앞에 펼쳐지지 않았다. 아무런 변화가 없는 이 시기에 끊임없이 이 말을 되뇌었다.

'난 멈추고 있는 것이 아니야. 난 이렇게 흐르고 있잖아.'

엄마의 자리는 무엇일까?

휴직과 동시에 나 스스로에게 가장 많이 던진 질문이 바로 이것이다.

"엄마의 자리는 무엇일까?"

아이가 태어나면 바로 모성 본능이 생긴다고 생각했다. 나도 여느 엄마들처럼 사랑으로 자녀를 키울 수 있다고 생각했다. 하지만, 끊임없이 사랑과 관심을 주어야 하는 엄마의 자리는 버겁기만 했다. 맞벌이로 늘 지쳐 있었고, 엄마에게만 모든 것이 집중되어 있는 구조 속에서 답답함을 느꼈다. 자상하고 집안일을 언제나 함께하는 남편이 있음에도 불구하고, 자녀를 양육함에 있어서 엄마의 역할이 너무나 크게 느껴져서 버거웠다.

기다림

내가 만나고 있는 엄마의 자리는 기다림의 자리였다. 나는 기분이 울적하거나 센치해질 때, 화원에 들른다. 꼭 식물을 사지 않더라도 그 화원의 싱그러움을 느끼는 것만으로도 기분이 나아진다. 그때 작은 화분 하나를 사서 정성을 들여 키울 때를 그려본다. 단지 눈에 띄어서 사온 식물이기에 식물에 대한 사전 정보가 없다. 아직 이 식물이 낯설기만 하다. 이 식물은 물을 많이 먹는지, 한 달에 한 번씩 물을 주어야 하는지 정보를 검색해보며, 서로를 알아가는 시간이 필요하다.

자녀를 이에 비유할 수 있을까? 임신하면서부터 출산, 육아의 시기를 지나오며 매 순간이 새롭고 매 순간이 배움의 연속이다. 단 하루도 같은 날이 없었으며 첫째를 키웠기에 둘째는 수월하다는 논리는 육아에 적용되지 않는다. 첫째는 첫째의 기질에 맞게, 둘째는 둘째의 기질에 맞게 우리 아이가 물을 좋아하는지, 물 마름이 필요한지 식물을 돌보듯이 그렇게 자녀를 돌보아야 한다. 엄마의 자리는 그렇게 기다림의 자리이다. 아이의 출생과 함께 모성 본능이 깨어나는 것이 아니라, 아이와 함께 보내는 시간만큼 그 모성 본능이 쌓여가고 있음을 나는 지금도 알아가는 중이다.

분명한 경계

아이들이 초등학생이 되면서 분명한 경계의 필요성에 대해서 절감하고 있다. 오로지 사랑만 주면 쑥쑥 자라줄 것이라고 기대했지만, 분명한 경계를 세우지 않으면 엄마도 아이도 갈팡질팡 길을 잃게 된다. 아이와 함께 나팔꽃을 키웠다. 작은 화분에서 시작된 줄기는 고정된 낚싯줄을 따라 하루가 다르게 성장했다. 성장이 빠른 나팔꽃은 가정에서 관찰하며 키우기에도 안성맞춤이다. 매일 포스트잇으로 나팔꽃의 키를 표시했다. 엎치락뒤치락하며 키 맞춤을 하는 나팔꽃은 아들에게 이런 깨달음을 주었다.

"아하, 처음에 먼저 자랐다고 계속 큰 게 아니네. 갑자기 이 화분의 키가 더 자랐어."

하루는 보니 우리가 준비한 낚싯줄보다 껑충 자라버린 나팔 줄기가 길을 잃고 방황하고 있었다. 조금 게으름을 피웠더니 훌쩍 자라버린 나팔 줄기는 옆 줄기를 타고 올라가고 있었다.

"서로 사이가 좋네."

<나팔꽃의 한살이>

아들은 사이좋은 나팔 줄기를 바라보며 흐뭇해했지만, 엄마는 분명한 경계 세우기를 나팔꽃에게서 배웠다. 나팔꽃이 자라날 환경을 마련해주는 자리가 엄마의 자리였다. 곧게 위로 자라나게 할 것인지, 줄을 지그재그로 엮어서 모양을 만들 것인지 분명한 경계가 필요하다. 우리 아이의 삶에 분명한 경계와 기준을 제시할 수 있는 자리가 엄마의 자리이다.

버팀목

나의 부모님이 그러했듯, 나 역시 아이들의 버팀목이 되어야 한다. 아이들은 끊임없이 학교에서 학원에서 놀이터에서 크고 작은 일들을 경험하고 돌아온다. 어제까지도 잘 놀았던 친구와 갑자기 절교를 선언하며 놀지 않겠다고 울며불며 달려온다. 나를 속상하게 하는 친구가 있다며 혼내달라고 달려온다. 그때 나의 역할은 버팀목이다. 아이의 마음을 헤아려주는 말을 한다.

"그래? 그랬구나. 지금 마음이 어때?"

아이의 생각을 들어줄 수 있는 여유로운 버팀목이 되어야 한다. 발 벗고 나서서 해결하는 바람막이가 아니라, 혹 아이가 비바람을 맞더라도 중심이 흔들리지 않는 심지가 견고한 버팀목이 되어야 한다. 아이는 거센 비바람을 견디며 자라고 있다. 그리고 아이는 든든한 버팀목을 방패 삼아 견뎌내며 다시 힘을 얻고 있는 중이다. 내 인생의 가장 큰 숙제이자, 가장 중요한 사명 중 하나, '든든한 버팀목'이다.

믿어줌

딸이 초등학교 6학년이 되면서 나의 6학년 시절을 가장 많이 떠올렸다. 그중 가장 기억에 남는 일이 나 혼자서 평택에서부터 상주까지 기차를 타고 친구들을 만나러 갔던 여행이었다. 그 당시 나는 초6, 2학기에 평택으로 전학을 왔다. 낯선 환경과 친구들 속에서 언제나 고향 친구들을 그리워했다. 매일 편지를 주고받으며 그리움을 달랬다. 초6 방학을 맞이해서 친구를 만나러 가고 싶었다. 엄마는 흔쾌히 허락해주시며 약도를 그려주었다. 나는 과연 지금 내 딸에게도 같은 결정을 내려줄 수 있었을까? 확답할 수 없었다. 삐삐도 핸드폰도 없던 그 시절, 엄마는 어떻게 나의 기차여행을 허락한 것일까? 궁금했다.

"엄마, 내가 초등학교 6학년 때, 어떻게 나를 그 먼 곳까지 혼자 가게 했어요? 난 지금 내 딸을 그렇게 보낸다면 못 보낼 것 같은데 말이에요."

"응, 그때 그랬지. 그때 엄마가 약도 그려줬잖아."

"네 맞아요. 그래서 김천역에 내려서 전화하고 그랬잖아요."

"그지. 난 널 믿었지. 넌 믿음직했어."

"난 널 믿었지."

엄마의 이 말은 오래도록 내 귀에, 내 마음에 남아서 울림이 되었다. 엄마는 나를 믿어주었다. 내가 무슨 일을 해도 믿어주었다. 세 아이를 키우며 엄마께서 깨달은 자녀 양육의 기본은 믿음이었기 때문일까? 세 자녀를 키운 친정엄마 자리의 시행착오는 자녀를 믿어주는 것밖에 없다는 귀한 사실을 터득하게 되신 것 같다. 나는 셋째의 특권으로 그 믿음으로 성장할 수 있었다. 내가 믿음직해서가 아니라, 믿음직하게 보아주니 믿음직하게 자란 것이다. 나는 우리 아이들을 얼마나 믿고 있는가? 얼마나 믿음직하게 바라보고 있는가?

03

누구보다 존귀한 존재임을 말해줘라

네가 제일 소중하데이

삼 남매 중의 막내딸, 흔히들 사랑받고 자랐을 막내딸로 바라보지만, 나는 막내답지 못한 막내였다. 나 스스로 그렇게 생각하며 살아왔다. 부모님은 동일한 분이시지만, 오빠가 기억하는 부모님과 언니가 기억하는 부모님 그리고 내가 기억하는 부모님은 전혀 다른 분이다. 이 다른 기억은 다른 경험에서 오는 것이리라. 막내의 특권 중의 특권은 세 자녀를 키우며 부모가 경험한 시행착오이다. 그 시행착오는 막내인 나에게 자녀를 향한 믿음의 무관심을 선물했다.

어린 시절, 나는 학원이 정말 가고 싶었다. 방과 후에 학원 셔틀을 마치고 돌아오는 요즘 학생들이 들으면 놀랄 말이다. 나는 시골에 살았기에 노란색 봉고차를 타고 시내까지 학원을 가는 그 시간이 부러웠다. 그런데 학원 차가 오는 시간이 되면 언니는 제일 작은 방에 숨어서 모습을 감추었다.

"수경아, 엄마한테 나 없다고 해."

어느 순간 나는 공범이 되었다.

"수경아, 언니 어디 있어? 학원 차 왔는데."

"어… 몰라? 옆집에 놀러 갔나 봐."

언니와 오빠는 가고 싶지 않은 그 학원이 막내의 눈에는 정말 가고 싶은 곳이었다.

'나도 언니 나이가 되면 학원을 보내주시겠지.'

하지만 언니 나이가 되어도 학원에 보내주시지 않았다. 덕분에 마음껏 놀 수 있었고, 한편으로는 학원에 대한 동경이 쌓였다. 부모님의 자녀 양육 시행착오는 막내인 나에게서 믿어주는 무관심으로 표현되었다.

나는 시켜주지 않기에 더 욕심을 냈던 것 같다. 결핍이 필요를 부른 것이다. 그렇게 보내주지 않는 학원 때문에 문제집을 사서 풀어야 했고, 겨우 가게 된 학원은 한 달, 두 달이라는 조건이 붙었다. 짧게 맛본 학원의 신선함을 잊을 수 없다. 하지만 분명한 것 하나는 무관심 속에서도 막내

딸을 믿어주는 부모님의 사랑은 확실히 받으며 자랐다.

하루는 반짇고리에서 잔뜩 헝클어진 실 뭉텅이를 발견했다. 오빠, 언니가 학원 간 시간에 심심했던 나는 그 실을 가위로 일일이 다 잘랐다. 그리고 자른 실을 다시 묶어서 새로운 실타래를 만들었다. 나 스스로는 굉장히 뿌듯한 순간이었다.

"엄마, 내가 이 엉킨 실을 다 풀었어."

"오, 그래. 그걸 다 했어? 얼마나 있었던 거야?"

엄마는 내가 한 일에 대해서 그렇게 반응해주셨다. 하지만, 지금 나의 딸이 그렇게 실타래를 다 잘라서 다시 엮어서 가져오면 나도 그렇게 할 수 있을까? 장담할 수 없었다.

"그렇게 다 잘라 놓으면 실을 어떻게 쓰겠어! 으휴~!!"

아마도 이렇게 반응했을 것 같다. 엄마도 첫째에게는 그렇게 반응하셨을까? 알 수 없지만, 셋째를 둔 엄마는 아마도 여유가 있었던 것 같다. 내가 무엇을 해도 기특하게 보았던 것 같다.

그렇게 나를 믿어주며 기특해하셨고, 나도 그에 부응하기 위해 기특한 삶을 살고자 했던 것 같다. 그 막내딸이 결혼을 했다. 그리고 태어난 손주의 시술로, 음식 거부로 힘들게 지내는 순간을 바라보며 말없이 지켜보셨다. 어느 날, 무뚝뚝한 엄마에게서 최고의 단어를 들었다.

"엄마, 나 왜 이렇게 힘들지?"

"너는 뭐든 잘 해냈어. 이번에도 잘해낼 거야."

"그래… 근데 힘들어."

"수경아, 내가 말주변이 없어서 말을 잘 못하지만, 네가 제일 소중하데이."

"어… 어?"

"너는 네 아들 살려라. 나는 내 딸 살릴란다. 네가 요즘 밥도 못 먹고, 너무 말랐어. 너무 신경 쓰지 마. 때 되면 다시 먹는다. 네가 제일 소중하데이. 내 딸이 제일 소중하데이."

무뚝뚝한 경상도 엄마에게 나온 최고의 찬사를 마흔 살이 되어서 들었다. 그것도 엄마의 목소리를 통해서 듣게 되었다. 내 인생 가장 소중한 순간이다. 내 인생 가장 근사한 순간이다.

그날 나는 차 안에서 하염없이 울었다. 사랑받고 자란 막내딸이라고 생각했지만, 나는 언제나 엄마의 사랑에 목말라 있었다. 엄마의 육아 경험치가 만들어낸 '무관심의 사랑'이 나를 이토록 견고하게 성장시켰다. 하지만, 나는 엄마의 '관심의 사랑'에 목말라 있었나 보다.

나는 내가 잘 해내야만 부모님의 사랑을 받을 수 있다고 생각했던 것 같다. 보란 듯이, 똑 부러지게 무슨 일이든 척척 해내야만 했다. 부모님의 기대를 저버리고 싶지 않았다. 아마도 본능적으로 그것이 내가 삼 남매 속에서 살아남는 방법이라고 생각했던 것 같다. 하지만, 두 아이를 키우며 이제야 어렴풋이 깨달아진다. 꼭 잘해서가 아니라, 그냥 내 아이라서 그 어떤 행동을 해도 사랑하게 된다는 것을 이제야 알게 되었다. 혹, 자녀로 인해 힘든 순간을 겪고 있다고 할지라도, 그 상황이 자녀에 대한 내 사랑을 막을 수 없다는 것이다.

무엇을 해서가 아니라 존재 자체로의 소중함을 몸소 체험하게 되는 순간이었다. 그날 이후로, 우리 집 곳곳에 레터링 스티커를 붙였다. 나는 마흔에 들은 이 마법의 단어를 우리 아이들에게 좀 더 일찍 들려주고 싶었다.

"있잖아, 너는 소중해."

인생은 해석이다. 내가 그동안 붙잡고 있던 '무관심의 사랑'은 내가 만든 착각이었다. 매일의 삶을 어떤 눈으로 바라보고 해석해나갈 것인가는 오로지 나의 시선에 달려 있다. 오늘도 어떤 시선으로 매 순간을 바라보고 있는가? 어떻게 인생을 해석하고 있는가?

내 인생 가장 소중한 순간을 맛보게 한 차 안에서의 시간은 엄마가 보내준 노래에서 절정을 이루었다. 가수 임영웅의 광팬이신 엄마가 나에게 꼭 들어보라고 한 노래이다.

"딱 엄마 마음이야. 꼭 들어봐. 꼭 들어봐."

애 낳고 30년

임영웅

애 낳고 삼십 년이 구름 따라 흘렀구나
내 평생소원 있다면 자식 하나 잘 되는 거

앞만 보고 달려온 세월 뒤돌아본 나의 인생아
좋은 일도 힘든 일도 모든 것이 지나가더라

눈가에는 주름이 지고 거친 손이 나를 말해주네
자식 하나 바라보고 모진 인생 살아온 세월
(중간 생략)
자식들 생각만 하면 잘해주지 못한 마음

그래도 이 세상에서
우리 아들 제일 사랑한다
우리 딸을 제일 사랑한다

1도씩 성장하는 엄마

"나, 이대로 괜찮은 엄마."

"엄마라는 단어 속에 중요한 진실이 숨어 있다. 모든 엄마는 '완전한 엄마'라는 것이다. '완벽한 엄마'는 아니지만 내 아이에게는 '완전한 엄마'다. '인간으로서 나는 부족하다. 하지만 엄마로서 나는 완전하다.' 이게 정답이다."

윤우상 박사님의 『엄마 심리 수업』은 엄마 자리에 대한 해답을 얻게 해준 책이다.

"나, 이대로 괜찮은 엄마."

이 문장 앞에서 할 말을 잃었다. 그동안 죄책감 뒤에 숨어 있던 나에게 이제 그만 나와도 괜찮다고 토닥여주는 문장이었다. 아들이 갑자기 음식을 삼키지 못하게 된 것이 모두 나의 문제라고 생각했다. 맞벌이로 가정을 돌보지 못한 나의 문제라고 생각했다. 엄마는 엄마의 삶을 살면 안 되냐며 울부짖었고, 쉼을 결정하기까지 쉽지 않았다. 멈추는 것이 나에게는 정말 어려운 결정이었다. 그 누구도 나를 비난하지 않지만, 스스로가 자신을 가장 많이 비난하며 자책하며 죄책감으로 짓눌려 있었다. '엄마의 자리'가 무엇인지 찾으려고 발버둥 쳤던 시간이었다.

무조건적인 헌신과 희생을 강요하는 엄마의 자리가 나에게는 버거웠다. 여느 엄마들처럼 살뜰히 자녀를 챙겨주지 못하는 스스로의 모습에 좌절했다. 좀 더 잘해주지 못하는 것이 언제나 미안했다. 그런데 '그 미안함과 죄책감이 오히려 자기 위안은 아니었나?'라는 문장에 정신이 번쩍 들었다. 그렇게 스스로를 벌주며 그 순간을 모면했던 나를 만났다. 이제 그만, 그 자리를 들고 나오라는 메시지로 들렸다. 아이와의 시간 속에서 문제를 찾고자 했고, 해결 방법을 찾고자 했고, 비법을 찾고자 했다. 하지만, 그 무수히 많은 100만 가지의 비결보다 중요한 것이 아이를 바라보는 나의 시선의 변화, 먼저 나 스스로를 바라보는 시선의 변화가 먼저임을 발견한다.

존재로 바라보는 눈을 새롭게 지니게 되었음에 감사하다. 세상 그 누구도 존귀하지 않은 존재가 없으며, 그러하기에 부족한 모습 그대로, 있는 모습 그대로 바라보아 주었을 때, 스스로의 힘으로 일어날 수 있다는 당연한 이치를 이제야 깨닫게 되어서 감사하다. 책 속에서 감명 받아서 밑줄을 긋고 잊어버리는 것이 아니라, 가슴속에 깊이깊이 새겨지며, 나만의 문장으로 이렇게 기록할 수 있음에 감사하다.

그동안의 어려움을 되돌아보면, 아이의 부족함이 나의 부족함이라고 생각했고, 그 부족함을 채우고자 노력했다. 그런데 나도 아이도 우리 모두 부족함을 인정하고, 성장해나가는 중임을 늘 기억해야 한다. 육아 선배님들이 지나온 그 길을 이제야 한 걸음 떼었다. 머리로 아는 것과 실천하는 것 사이의 간격 속에서 또 좌절하는 순간이 찾아온다. 하지만 그럼에도 불구하고 엄마 혁명을 시작한다.

엄마 혁명은 아이를
있는 모습 그대로 믿어주는 것
한쪽 눈 감고, 1도를 바꾸는 혁명
지금의 나 그대로 괜찮은 엄마
지금의 우리 아이 그대로 괜찮은 아이
나의 빈틈이 아이의 자발성을 키운다
나의 빈틈에 힘들어하지 말자

에필로그에는 윤우상 박사님의 어머님께 하신 말씀이 나온다. 이 문장이 먼 미래에 우리 아이들이 나에게 하는 말이라고 생각해보니 뭉클해졌다. 나 또한 있는 모습 그대로 믿고 기다려준 부모님께 전하고 싶은 이야기이다.

"엄마, 고마워요. 저를 있는 그대로 믿어주고 사랑해줘서요."

내 모습을 있는 그대로 받아들이기, 부족한 모습 그대로 인정하기가 시작이다. 그리고 우리 아이들을 나의 기준이 아닌 '있는 모습 그대로' 바라보는 눈으로 1도씩 바꾸어가고 싶다. 그 엄마 혁명을 이루어가고 싶다.

04

세상을 보는 새로운 눈을 알려줘라

다르다는 것이 바로 가능성이다

유난히도 잘 자라준 첫째 딸 덕분에 자녀를 키우는 것이 어떤 의미인지 미처 깨닫기도 전에 18개월 터울의 둘째가 태어났다. 둘째를 키우는 모든 순간은 매사에 낯설었고, 신중했고, 새로웠다. 당연했던 모든 순간이 당연하지 않았다.

육아 책에 적힌 대로, 개월 수에 맞게 성장하는 딸을 보며 '내가 아이를 정말 잘 키우는구나.'라며 단단히 착각하고 있을 즈음, 둘째는 나의 부족함과 만나게 하는 순간들을 매일 경험하게 했다.

임신 8개월, 뇌실

청천벽력 같은 소식을 들었다. 뇌실이 기준치보다 크다는 소식이었다. 의사 선생님은 뇌실이 크면 뇌에 이상이 있을 수 있기에 추가 검사를 해야 한다고 하셨다. 제대 천자술을 하며 결과를 기다렸다. 마취도 할 수 없는 임산부이기에 손바닥보다도 긴 바늘을 탯줄에 꽂아서 태아의 혈액을 확인하는 검사였다. 두려움과 걱정이 많았던 순간을 흘려보내고, 다행히도 아들은 건강하게 태어났다.

생후 6개월, 방광요관 역류

아무 이유 없이 고열이 오르락내리락하는 시간이 찾아왔다. 병원에서도 열감기라고 했다. 하지만, 부모의 직감이었을까 이상을 느낀 우리 부부는 다시 병원을 찾아 추가 검사를 하였다. 요로 감염을 알게 되었다. 증상은 더 심해져서 대학 병원에 입원을 했고, 소변 검사에서 시작된 검사는 추가 검사가 계속 이어졌다. 핵의학 검사, 역류 검사를 통해 방광요관역류 5기임을 알게 되었다. 작은 신장과 손상된 신장을 알게 되었고, 예방적 항생제를 처방받았다. 열이 나면 응급실로 달려가는 무수히 많은 시간을 보냈다.

6세, 간헐적 외사시

초점이 맞지 않는 것을 발견했다. 괜찮아지겠지 했지만 결국 서울대학 병원에서 간헐적 외사시 진단을 받았다. 사시 수술은 미용수술이라고 할 만큼 보편적이었지만, 부모인 나의 마음은 무너지는 순간이었다. 이제 병원가기가 두려워졌다.

7세, 음낭수종

영유아 건강검진에서 음낭수종이 있다고 하셨다. 태어나서 처음 들어 보는 용어들을 아들을 키우면서 접했다. 역시 간단한 시술이라고 했지만 엄마의 마음이 무너졌다.

두 번의 시술

7세에 아들은 두 번의 시술을 경험했다. 간헐적 외사시, 역류 및 음낭 수종. 모두 간단한 시술이었지만, 전신마취를 해야 했다. 시간이 흐른 지금은 시술이라고 표현하지만, 그 당시 우리 부부에게는 두 번의 수술이었다. 아직 어린 아들이 겪어야 할 수술대 위의 시간에 하염없이 울었던 시간이었다.

한동안 아들은 초록색을 참 싫어했다. 초록색은 수술대, 수술복 색깔이라고 생각했기 때문이다. 아들은 이미 잊은 지 오래된 그 순간들이 엄마에게는 여전히 생생하다.

수술을 마친 후에도 오랫동안 나는 두려움과 염려에 사로잡혔던 것 같다. 이제야 조금씩 그때 그 과정은 시술이었으며, 간단한 시술이었음을 받아들이게 되었다. 건강하게 병원에 가지 않고 잘 자라는 아이들이 제일 부러웠다. 우리 아이가 안쓰러웠다. 하지만 그런 생각이 아이에게 오히려 불안과 염려를 주었던 것 같다.

어느 날, TV를 함께 보고 있었다. 아들 또래의 아이가 여러 번의 수술을 했다는 내용과 수술 후 손가락이 회복되지 않은 내용이었다. 순간 나는 TV를 끄려고 했다. 혹시나, 아들이 잊고 있는 기억을 꺼내는 것은 아닌지 두려웠기 때문이다. 하지만 아들은 이렇게 이야기했다.

"엄마, 나도 듣고 있었는데, 나는 참 건강해서 행복하다고 생각했어."

"어, 그래? 어떤 부분에서 그런 생각이 들었을까?"

"이 프로그램은 다 태어났을 때, 손이 없거나 아픈데, 나는 엄마가 건강하게 잘 태어나게 해줬잖아."

아들을 통해서 배웠다. 엄마는 아직도 과거에 얽매이고, 아들이 아파했을 순간에 가슴 아파하며, 작은 일을 크게 받아들이고 있었다. 하지만 어느새 성큼 자란 아들의 고백에 나는 주책맞게 눈물을 보이고 말았다. 아이러니하게도 아들은 엄마를 감동시켰다며 으쓱해했다.

이렇게 글로 기록하며 나의 아픔을 흘려보낸다. 이제 아들은 건강해졌고, 자기 생각과 주관이 자라면서 엄마와 부딪히는 순간들이 찾아온다.

아이의 성장과 함께 엄마의 역할도 차츰 옮겨진다. 있는 모습 그대로 아이를 보아주며, 분명한 경계선을 그어주는 일이 바로 그것이다.

"엄마 나 그 수술, 아니 시술했을 때 말이야."

나에게도 아이에게도 수술이 아니라, 시술로 단어를 정정했다. 무겁게 짊어지고 있던 '수술'이라는 단어를 '시술'로 옮기는 것만으로도 한결 가벼워졌다. 매사에 다큐로 받아들이던 진지함에서 벗어나 매사에 유쾌하게 받아들이기를 소망한다. 어려움을 해학과 풍자로 이겨나가는 그 재치와 지혜를 닮아가고 싶다.

세상을 바라보는 근사한 시선은 바로 다르게 바라보는 눈이다. 나는 상황을 문제로 바라보았고, 해결하려고만 했다. 하지만 쉽게 해결되지 않았다. 아들의 시술 과정과 음식 거부의 상황도 나는 문제로 바라보고 있었음을 그제야 알게 되었다. 나의 시선을 근사한 시선으로 바꾸어야 했다. 다르게 바라보는 눈이 필요했다. 아들만이 가진 소중한 경험, 세상을 다르게 바라볼 수 있는 눈을 가진 아들에게 감사하다. 그런 눈을 선물해준 아들에게 감사하다.

세상을 보는 새로운 눈

아이들과 미서부 여행을 떠난 적이 있었다. 어린아이들과 함께 떠난 자유여행이기에 가기 전부터 열심히 준비했다. 숙소, 렌터카, 여행지, 항공편, 동선 등등 세심하게 준비했지만, 언제나 예상 밖의 일들이 펼쳐졌다. 계획대로 움직여지지 않지만, 그 속에서 새로움을 만나는 것이 여행의 묘미이기도 하다.

LA의 게티 센터에서 여유로운 시간을 보냈다. 이곳은 삼삼오오 모인 가족, 연인들의 데이트 장소였다. 한참을 걷다 보니 다리가 아픈 아이들이 앉을 곳을 찾았다.

"우리 돗자리는?"

"돗자리 생각을 못했네."

"그냥 잔디밭에 앉자. 모두 그렇게 앉아 있는걸. 돗자리 준비한 사람이 없어."

그렇게 그늘진 잔디밭에 자리를 잡고 앉았다. 구름 한 점 없는 파란 하늘과 저녁 노을빛에 연신 감탄했던 그곳에서 가장 기억에 남는 장면은 어느 외국인 엄마의 모습이었다. 세 살 남짓 되어 보이는 아이와 엄마가 공을 주고받고 있었다.

"저기 아가 좀 봐. 엄마랑 공놀이한다."

"우리도 공 가져왔으면 좋았을 텐데…."

이렇게 아쉬움을 달래며 이야기를 나누고 있는데 아이와 엄마의 분위기가 심상치 않았다. 처음 한두 번은 잘 주고받았지만, 공 던지기가 생각처럼 되지 않자 아이는 공을 바닥으로 세게 내리쳤다. 그때 외국인 엄마는 바닥에 떨어진 공을 주워서 아이 눈을 바라보며 정말 단호하게 이야기하는 모습을 보여주었다. 멀리서 바라보는 내 눈에도 무서울 정도였다. 아이는 눈물을 훔치며 엄마에게 와락 안겼다. 언제 그랬냐는 듯이 아이는 엄마와 공을 다시 주고받았다.

짧지만 강렬했던 어느 엄마의 훈계 모습은 오래도록 기억에 남았다. 내가 아이 앞에서 뜨뜻미지근한 태도를 보이고 있을 때, 훈육의 상황에서 사랑이라는 포장으로 아무런 이야기도 하고 있지 않을 때 가장 먼저 떠오르는 장면이다. 아이에게 사랑만 주는 것이 아니라, 분명한 경계를 그어주는 엄마의 모습을 만났다. 아이도 그 훈계가 사랑이 밑바탕이 되었음을 알기에 엄마 품에 와락 안겼으리라. 낯선 여행지에서 분명한 경계 세우기를 배운 순간이다.

하루는 샌디에이고에서 샌프란시스코로 비행기로 이동하기 위해 공항으로 온 날이었다. 그런데 기상악화로 비행기는 지연이 되었다. 말이 잘 통하지 않는 공항에서 손짓 발짓으로 비행시간을 좀 더 앞당길 수 없냐고 물었으나 돌아오는 대답은

"I can't understand what you say. I can speak only English."

(무슨 말인지 모르겠어요. 저는 영어만 할 줄 알거든요.)

부족한 영어 탓에 우리의 의견이 전달되지 못했다. 우리 가족은 다른 비행 편으로 옮겨 타지 못하고 저녁 9시까지 기다려야만 했다. 일정이 계획에서 어긋나며 긴 시간 동안 무엇을 해야 할지 막막했다. 공항에서 보내기에는 길고 무료했다. 그때 남편의 제안으로 샌디에이고의 올드 타운으로 향했다. 올드 타운은 멕시코 풍의 작은 마을로 영화 〈코코〉를 연상케 하는 곳이었다.

올드 타운은 정말 가고 싶었지만, 빠듯한 일정 탓에 우리의 여행 코스에서 제외했던 곳이다. 비행기 연착으로 인해 올드 타운을 가게 되다니 덤으로 얻은 여행이었다. 무겁게 들고 다니던 트렁크는 올드 타운의 한 호텔에 맡기고 이곳저곳을 누비고 다녔다. 미국에서 느끼는 멕시코 풍의 풍경에 반한 순간이었다. 그리고 올드 타운 주민이 친절하게 관광객을 대하는 호의에 감사했다. 비행시간이 다 되어서 맡긴 짐을 찾으러 갔을 때, 감사한 마음에 팁을 드렸는데 호텔 직원은 호텔 로비에 있던 오렌지 나무에서 오렌지를 직접 따서 우리에게 맛을 선보였다. 아이들의 기억 속에 샌디에이고는

'비행기 안 떠서 갔던 곳.'

'〈코코〉 영화 같은 곳.'

'생 오렌지를 직접 따서 먹은 곳.'

으로 남아 있다. 비행기가 연착된 그 긴 시간이 아이들에게는 새로운

세계를 탐험하는 시간이었다.

우리가 매일 마주하는 예상치 못한 상황 앞에 어떤 눈으로 바라볼 것인가? 모든 상황을 우리가 통제할 수는 없지만, 현재의 상황을 해석하는 힘은 나에게 있다. 나의 마음을 선택할 힘은 나에게 있음을 기억하자.

우리 아이들도 그런 강한 힘을 가졌으면 좋겠다. 나만의 시선으로 현재를 해석하는 아이는 자신의 마음을 선택하는 힘이 있다. 세상을 새롭게 볼 수 있는 눈을 가지고 있다. 아이들이 세상을 긍정적이고 아름답게 볼 수 있는 어른으로 자라기를 바란다.

05

아이의 생각과 마음을 묻고 존중하라

엄마의 자리로 안내한 질문

"질문은 그 사람의 인생을 이끌고 간다."라는 유대 격언이 있다. 이 격언을 가장 대표하는 인물이 바로 유대인 아인슈타인과 프로이트이다.

'뉴턴의 물리학을 넘어서는 나만의 물리학은 무엇인가?'라는 질문이 아인슈타인을 이끌었다. 이 질문은 상대성 이론을 만들었다.

'무엇이 인간의 마음을 지배하는가?'

프로이트는 이 질문에 대한 답을 찾기 위해 인생을 걸었다. 이 질문은 무의식과 정신분석의 세계로 안내했다. 오랫동안 한 가지에 매진해온 사람에게는 예리한 안목과 통찰력이 생긴다. 순간의 직감에 따라 내려지는 결단은 그때까지 쌓아 올린 지혜에 의해 결정되기 때문이다. 그런 직감이 바로 통찰력이다. 배운다는 것은 순간적인 통찰력을 얻기 위한 준비작업인 것이다.

예리한 안목과 통찰력을 생각하면 떠오르는 우리나라 인물은 바로 이순신 장군이다. 이순신 장군은 지지 않는 싸움을 하기 위해서 스스로에게 질문을 던진다. 그 질문은 한산대첩의 학익진으로 이어진다.

"바다 위에 성을 쌓는다니 가당키나 한 일인가?"

모두 혀를 차며 이순신 장군의 전술을 불신할 때, 이순신 장군은 몇 날 며칠을 고뇌하며 학익진 대진표를 작성한다. 각 위치에 가장 알맞은 장수의 특성과 기질을 파악해서 한 명, 한 명 이름을 써내려간다. 그리고 한산에서 펼쳐지는 대결전 앞에서 이순신 장군은 신중에 신중을 기한다. '지지 않는 싸움'을 위해서 학익진의 위치를 정비하고, 거북선을 정비하고 코앞에 다가온 왜군 앞에서 가장 알맞은 때를 기다리며 대기한다. 모두들 어서 빨리 발포 명령을 내리라며 성화를 부려도 아랑곳하지 않고 더욱 침착하게 상황을 관찰한다.

"발포하라!"

진중한 외침과 함께 대결전은 시작되었고, 한산대첩이라는 최고의 승리를 거둔다. 이 승리는 결코 당연한 것이 아니었다. 바로 '지지 않는 싸움'을 위한 이순신 장군의 질문과 예리한 안목이 통찰력을 만들었다. 이것은 마침내 승리로 이끌었다.

아인슈타인과 프로이트의 삶을 이끌었던 것은 질문의 힘이었다. 스스로 해답을 찾아가는 과정에서 상대성 이론과 정신분석이론이 나올 수 있었다. 이순신의 지지 않는 싸움에 대한 생각은 한산대첩의 승리를 이끌었다.

이 위대한 분들이 이룬 위대한 업적과 나의 일이 별개인가? 아니다.

유대인 부모들은 아이에게 정답을 가르쳐주지 않는다. 끊임없이 다시 물어보며 아이 스스로가 본인만의 해답을 찾아나갈 수 있도록 그 여정을 함께 해준다.

"네 생각은 어때? 왜 그렇게 생각하니?"

이 질문은 단순해 보이지만 그 힘은 아주 강력하다. 이 질문에는 아이를 향한 존중과 관심이 있다.

"나는 너의 이야기가 궁금해. 너만의 생각이 듣고 싶어."

가족이라는 이름으로 만나게 된 소중한 만남은 아이를 향한 무한대의 사랑의 양동이가 있음을 깨닫게 한다. 학교에서 속상한 일을 당하고 돌아왔을 때, 친구들과의 다툼으로 억울한 일을 겪었을 때, 그 속마음을 다 털어놓고 이야기할 수 있어야 한다. 속상한 아이의 마음을 해결하기 위한 방법을 찾아 나서는 것이 아니라, 한발 뒤에서 아이에게 물어볼 수 있는 유연함이 필요하다.

"지금 네 마음은 어때?"

아이의 상황을 해결하고자 하는 욕구를 잠시 접어두고, 아이의 마음을 살필 수 있는 질문이 먼저다. 질문을 던지기 전에 아이를 향한 관심이 먼저이다. 아이를 향한 존중이 먼저이다.

"네 삶의 여정에서 다양한 선택을 하게 될 텐데, 이 선택의 열쇠는 네가 가지고 있어. I have to(난 해야만 해)가 아니라, I choose to(내가 선택해)라는 사실을 꼭 기억해."

지나온 시간을 되돌아보면, 선택의 순간에 나는 'I have to'가 늘 우선이었다. 책임감이라고 곱게 포장했지만, 그 책임감 안에는 싫지만 해야만 했다는 억울함도 같이 들어 있었다.

'엄마의 자리는 뭐지?'

2021년의 휴직은 나에게 'have to'였다. 엄마로서 자녀의 어려운 상황 가운데 뛰어들 수밖에 없었다. 하지만, 신설 학교에서 하루하루 학급수가 늘어나는 상황에서 모두에게 폐를 끼치며 선택해야만 했던 휴직은 학생들에게도, 나 스스로에게도, 학교에도 난감한 선택이었다. 자녀의 회복을 위한 나의 선택은 또 다른 누군가에게는 피해를 주어야 한다는 사실에서 좌절했던 순간이었다. 나의 책임감 있는 선택은 다른 누군가에게는 무책임한 행동이 될 수 있음에 괴로운 순간이었다. 그렇게 멈추게 된 2년의 시간은 교사로서의 가면을 벗고, 온전히 엄마로 설 수 있는 시간을 선물했다.

누군가에게 피해를 주어서는 안 된다는 나의 기준이 무너지는 순간이었다. 누구나 어찌할 수 없는 순간을 맞이할 수 있기에 함부로 비난할 수 없다는 사실을 만난 순간이었다. 이 사실이 머리로만이 아니라 가슴으로 내려온 시간이었다.

2년의 시간이 지나온 지금 나는 그 휴직이 'choose to'였음을 알게 되었다. 가정을 향한 책임감 있는 행동이 다른 누군가에게 비난의 순간이 될 수 있음을 받아들이는 선택이었다. 비난을 감수하는 선택이었다. 그 시간은 나를 엄마의 자리로 안내했다. 질문에 대한 답을 바로 찾을 수는 없었지만, 질문은 나를 이끌었다.

내가 만들어놓은 틀 안에서 아이를 재단하는 자리가 아니라, 아이의 온전한 모습을 바라보는 자리가 엄마의 자리임을 매일 만나고 있다. 아이는 성장하는 존재이며, 엄마는 그 아이의 성장을 아름답게 바라볼 수 있는 특권의 자리임을 알아가고 있다. 큰 틀 안에서 건강, 안전, 생명, 규칙에 대한 명백한 경계를 일러주며, 그 경계 안에서 자유롭게 탐색하도록 지지해주는 자리임을 알아가고 있다. 나는 아이의 인생 여정을 함께 하는 든든한 버팀목임을 알아가고 있다.

'내 아이의 질문은 무엇일까? 그 질문을 찾아가는 여정에서 나는 어떤 역할을 할 수 있을까?'

이 질문에 대한 해답이 하브루타였다. 내 아이의 질문을 내가 찾아줄 수는 없어도, 내 아이의 관심사에 내가 함께 관심을 가질 수는 있다. 내 아이의 내적 동기를 내가 끌어올릴 수는 없어도, 아이의 스트레스를 수다 떨기로 함께 풀 수 있다. 하브루타를 통한 부모와의 소통은 세상과의 자연스러운 소통으로 삶의 문제들을 풀어갈 것이라 확신한다.

어떤 질문이 나를 이끌고 있는지 꼭 한번 생각하는 시간을 가져보기를 바란다. 자녀의 질문이 무엇인지 궁금하다면 자녀와 잠자리 대화부터 시작해 보기를 바란다. 잠들기 직전, 가장 말랑말랑해지고 진솔해지는 그 시간이 아이와 더욱 가까워질 수 있는 시간이다. 이 주제는 3장 잠자리 대화에서 더 깊이 다룬다. 아이의 생각과 마음을 묻고 존중하는 힘은 바로 대화에서 시작된다. 경청에서 시작된다.

06

여정에 무한한 박수와 격려를 보내라

"This is life, accepting what is happening and trying to adapt."

(지금 일어나고 있는 일을 받아들이고 적응하려고 노력하는 것이 바로 삶인 것 같아요.)

어느 날, 해외살이 중인 친구에게 연락이 왔다. 아침 등굣길에 이웃집 루마니아 아주머니를 오랜만에 만났는데 얼굴에 붉은 점이 있었다고 한다. 그래서 어디 아프신지 물었더니 'chickenpox'(수두)에 걸렸다고 했단다. 머리로는 많은 문장이 오갔지만, 순간 머리가 하얘지면서 마음을 전달하지 못한 친구는 이웃집 아주머니께 메시지로 마음을 전했다. 그때 받은 메시지가 바로 이것이었다. 낯선 환경, 낯선 언어, 낯선 문화에서 적응하며 지내는 친구의 메시지는 삶에 대한 큰 깨달음을 주었다.

친구의 메시지를 받고 우리 아이들이 수두를 앓고 지나갔던 시간이 떠올랐다. 어린이집에 다니던 시절, 갑작스레 수두에 걸린 첫째와 순차적으로 수두에 걸린 둘째까지 한 주 한 주가 정말 힘들게 느껴지던 순간이었다. 아이를 시댁에 맡기고 출근을 하고, 둘째를 살피다가 다시 첫째를 데려오고 둘째를 맡기던 그 시간이 주마등처럼 스쳤다. 작년에 온 가족이 코로나에 걸려서 3주를 자가 격리했던 시간에 비하면 외출이 자유로웠던 시간인데도 어린아이들과 함께 지나온 수두의 터널은 암울했었다.

"This is life."

힘들었던 기억만 가득한 나와는 달리 이런 명언을 남겨주신 루마니아 이웃집 아주머니의 내공에 감사한 순간이었다.

"지금 일어나고 있는 일을 받아들이고 적응하려고 노력하는 것이 바로 삶인 것 같아요."

먼 타국에서 지내고 있는 친구도 그분의 진심이 전해져서 그 감동을 나에게 전한 것이리라. 우리의 삶이 그렇다. 언제나 예상치 못한 상황에 놓이게 된다. 계획한 대로 이루어지는 순간보다 그렇지 못한 순간이 많아진다. 그런 상황 속에서 현실을 받아들이고 적응하려고 노력하는 것이 삶인 것이다.

적응을 위한 노력, 그 과정이 바로 메타인지가 발현되는 과정이다. 메타인지란 인지 위의 인지, 생각에 대한 생각이다. 루마니아 아주머니께서 수두라는 현실 앞에서 첫째와 둘째를 통해 온 가족이 앓고 지나가는 상황을 겪으며 인생에 대한 통찰을 얻는 그 순간이 메타인지가 빛을 발한 것이다. 메타인지의 또 다른 이름은 '해석의 힘'이라는 생각이 든다. 같은 상황을 겪고도 그 속에서 나만의 해석을 할 수 있는 힘도 바로 메타인지를 통해서 가능하다.

출퇴근 왕복 3시간이 넘는 시골 학교에 발령을 받은 적이 있다. 운전 초보인 나는 손을 벌벌 떨면서 운전대를 잡았다. 고속도로에서 느끼는 그 속도감이 나를 짓누르는 무서움을 견뎌내야만 하는 시간이었다. 그 시간은 분명 나의 운전 실력이 단련되는 시간이었다. 조금이라도 더 빨리 출퇴근하기 위해 새벽으로 출근 시간을 앞당겨 보았다. 비포장도로, 고속도로, 내비게이션이 안내하는 도로 등 매일 다양한 길로 운전대를 움직였다. 꽉 막힌 도로에서 보내는 시간보다 이른 새벽 출근을 선택했다. 한 해, 두 해 운전에 적응을 하면서, 출퇴근 운전 시간은 더 이상 두려운 공포의 시간이 아니라, 도로 위의 나만의 휴식공간으로 변화되었다. 시골길을 달리다 보니 사계절의 변화가 한 눈에 들어오기 시작했다.

'이렇게 아름다운 계절이었구나.'

가장 힘들었던 그 출퇴근 시간은 이제 추억으로 자리 잡고 있다. 물론 다시 장거리 출퇴근을 하겠냐고 물으면 쉽게 대답할 수는 없다. 다만, 어려운 상황에서 스스로만의 적응법을 만들어가는 노력의 하나였다는 기억만큼은 값지다는 생각이 든다.

우리 아이들은 어떨까? 어른이 된 나의 삶에도 여전히 많은 시행착오의 순간에 나만의 해답을 찾는 여정이 계속되고 있다. 이제 막 걸음마를 뗀 아이의 넘어짐에 무한한 박수와 격려를 보내주던 어린 시절을 기억하는가? 넘어져서 울상이 된 아이는 환하게 웃는 엄마를 보며 다시 일어선다. 넘어져도 다시 일어설 수 있다는 확신에 찬 눈빛이 아이들에게 필요하다. 넘어져도 툭툭 털고 일어나면 된다는 안정감 있는 눈빛이 필요하다. 아이들의 인생 여정에서 겪는 시행착오를 관대하게 바라보는 유연함이 가장 필요한 덕목이다.

3장

왜 지금 하브루타 자존감인가?

01

왜 하브루타인가?

하브루타는 둘이 짝을 지어 질문하고 대화하고 토론하고 논쟁하는 것을 말한다. 서로가 교사가 되고 학생이 되는 수평적인 양방향 공부 방법이다.

하브루타를 경험하면서 1:1로 짝을 이루어 대화를 나누는 그 시간이 서로의 생각을 일깨울 수 있어서 참 값진 시간이었다. 하지만 학교 현장을 떠올려 보았을 때, 좀 아쉬운 점이 있다. 하브루타 강좌에는 질문과 토론에 관심을 가진 학생이 모여서 이야기를 나누지만, 학교에서는 적극적으로 참여하는 학생부터 흥미를 느끼지 못하는 학생까지 다양한 그룹의 학생들이 토론을 한다. 그렇게 되면 1:1 짝과 이야기를 나눌 경우, 깊이 있는 대화가 의미 없는 대화로 끝날 수도 있다. 하루 종일 수업 시간에 한 마디도 하지 않고 하교하는 학생들도 있다. 물론 쉬는 시간에 친구들과 신나게 놀고 가는 것만으로도 충분히 좋은 시간이다. 하지만, 중간 집단을 대상으로 하는 공교육에서 수업시간 내에 충분한 발표 및 의견제시의 기회를 갖지 못하는 경우도 다반사이다.

그렇다면 이 역할을 가정에서 부모가 함께할 수 있다면 어떨까? 현재 학교에서 온 책 읽기, 토론 수업, 짝 대화 등 다양한 형태로 학생 참여 수업으로 변화하고 있다. 이런 변화에 발맞추어 매일 마주하는 자녀와의 대화 시간에 부모님이 하브루타식 대화를 이어나간다면 아이의 생각이 더욱 확장될 수 있을 것이다. 학교가 서서히 변한다면 가정은 빠르게 변할 수 있는 공간이기 때문이다. 하브루타 독서 논술의 방법적인 것을 잘 모르더라도 아이의 생각에 관심을 가지고, 아이의 생각을 표현할 수 있도록 도와줄 수 있지 않을까? 그것이 바로 자녀와의 대화이며, 그 대화의 시작이 하브루타라고 생각한다.

"언제나 둘이어야 하나요? 셋 이상은 안 됩니까?"

"둘이라야 해. 힐렐 때부터 시작된 전통이지. 그때는 예루살렘뿐만 아니라 농촌이나 들판 어디에서든 토라를 가르쳤는데 문제는 교사가 너무나 부족했다는 것이네. 그래서 학생 스스로 짝을 이루어 서로 가르치도록 했지. 지금의 교육 방식은 바로 그때 생겨났다네. 저렇게 고함지르고 흥분하는 것은 최상의 결론을 향해 가는 과정일 뿐이라네. 학생들은 최상의 결론에 도달하기 위해 언제나 논쟁을 벌이고 때론 서로를 무섭게 몰아붙이기도 하지. 그 과정에서 창의적인 생각이 나오기도 하면서 점점 깊이 있는 공부를 하게 된다네."

-『부모라면 유대인처럼 하브루타로 교육하라』(전성수)

하브루타의 하베르(짝)는 교사가 부족한 상황에서 짝을 지어 토론하며 스스로 해답을 찾아갈 수 있도록 적용된 방법이다.

하브루타의 기원과 유대인의 역사를 몰랐을 때, 하브루타는 독서토론 방식 중 하나로 이해했다. 시중에 나와 있는 하브루타 책 역시, 공부법, 독서법을 겨냥해서 출간되고 있다. 나는 하브루타를 접하면서 하브루타가 단지 하나의 학습법이 아니라, 유대인의 삶을 이해하게 되었고, 우리 가정을 돌아보는 계기가 되었다. 하브루타는 하나의 이론이 아니라, 삶이다. 삶으로 살아내 보여야 한다. 단순히 이론을 배우는 것에서 그치는 것이 아니라, 생활 속에서 아이들과 이야기 나누는 그 모든 순간을 대화의 장으로 연결할 수 있어야 한다.

유대인이 지나온 발자국, 억울한 죽음, 타향살이, 고난의 연속인 그들의 삶 속에서도 그들이 지켜가고 있는 단 하나의 가치가 무엇인지 궁금해졌다. 오랜 세월 변치 않고 지켜오며 아들의 아들에게 손자, 손녀에게 전해 내려온 그들의 가치가 무엇인지 궁금했다. 그렇게 발견한 키워드가 바로 이것이다.

"자선, 자립과 존중, 기여."

자선(쩨다카 : 자선을 실천하는 삶)

쩨다카는 '자선, 정의'를 뜻하는 히브리어이다. 유일신을 믿는 그들의 삶이 단지 종교적 행위가 아니라 실천으로 이어질 수 있는 것은 바로 쩨다카 덕분이다. 세계 많은 민족이 자신의 쓸모를 위해 저금통에 돈을 모으지만, 유대 아이들은 생애 초기부터 남을 위해 쩨다카 통에 돈을 모은다. 종교와 삶을 일원화하는 실천의 구심점이 쩨다카임을 발견하였다. 우리 집에도 '이삭줍기' 저금통이 있다. 아마 많은 가정의 선반 위에 저금통이 장식되어 있을 것이다. 하지만, 나와 유대인의 저금통에는 어떤 차이가 있을까? 바로 '꾸준함'이다.

아이들이 유치원 무렵, 어릴 때부터 모아왔던 돼지 저금통을 은행에 가져가서 생애 첫 기부를 했다. 아이들의 이유가 아닌 엄마의 이유로 시작된 첫 기부이다. 이렇게 시작된 자선이 아이들의 삶에서 자연스럽게 이어지기를 바라는 마음에서 시작했다. 하지만 바쁜 일상에 쫓겨 우선순위에서 밀리기 시작했다. 스마트 결제가 생활화된 요즘, 지갑을 가지고 다니기보다 카드 결제가 당연하게 되었다. 현금을 가지고 다니는 것이 번거로워졌다. 아이들의 저금통도 자연스레 빈 저금통이 된 지 오래였다. 편리함을 이유로 꾸준함이 사라진 것이다.

다시 은행에서 지폐와 동전을 교환했다. 그리고 플라스틱 통에 '아프리카 친구 물 보내기', '이삭줍기'라고 이름을 적었다. 핑계를 대며 이유를 찾기보다 실천으로 옮기기로 했다. 꾸준함으로 옮기기로 했다. 매일 집안일을 함께 도와가며 가정을 살피고 있는 아이들에게 일주일에 한 번씩 용돈을 준다. 그 용돈 중 일부를 이삭줍기 통에 나누어 담는다. 어느 날은 100원, 어느 날은 500원 적은 금액이 차곡차곡 쌓여가고 있다. 유대인의 '쩨다카'는 하루아침에 만들어진 것이 아니다. 아이들의 일상 속에서 나의 것을 나눌 줄 아는 자선을 실천할 수 있는 작은 장치 하나를 마련하고 실천할 수 있는 힘, '꾸준함'을 '쩨다카'를 통해 다시 만났다.

자립과 존중(성인식 : 사춘기가 없는 이유)

유대인의 성인식은 일반적인 통과의례가 아니라 결혼식과 더불어 일생 중 가장 의미 있고 큰 행사이다. 여자 12세, 남자 13세가 되면 성인식을 갖는다. 아직 한참 어리게만 여겨지는 나이에 성인식이라니 고개가 갸우뚱해졌다. 일반적으로 그 나이쯤 되면 아이들은 호되게 사춘기를 겪고 지나간다. 자아정체성에 대한 혼란을 겪으며, 마냥 어리기만 했던 아이들이 자기만의 생각과 주관이 생기는 시기이기도 하다. 이 시기에 유대인은 성인식을 치른다. 여자 아이들의 성인식은 '바트 미쯔바(Bat Mitzvah)'라 하고, 남자 아이들의 성인식은 '바르 미쯔바(Bar Mitzvah)'라 한다. 그들은 성인식을 치러야 회당(유대교의 예배당)에서의 투표권을 갖는 등 유대인 공동체에서 완전한 구성원이 된다.

이 성인식은 일 년 전부터 엄격한 절차에 의해 준비한다. 토라(모세 오경: 창세기, 출애굽기, 레위기, 민수기, 신명기)를 공부하고 설교를 준비한다. 더불어 친지와 이웃 초대하며 축하객은 축하금을 준비한다. 대략 200불 정도를 준비하며, 나이에 비해 매우 큰 금액을 축하금으로 받는다. 축하금은 당사자가 관리하거나 부모와 함께 관리하는 종잣돈이 되어 20대 초반에 이르면 수억 원의 거금이 되기도 한다. 스무 살에 페이스북을 창업한 마크 저커버그, 스물다섯 살에 구글을 창업한 세르게이 브린과 래리 페이지에서 볼 수 있듯이 이들이 이른 나이에 창업할 수 있는 이유기도 하다.

이렇듯 유대 아이들은 다른 민족의 아이들이 보편적으로 정체성의 혼란을 겪는 사춘기를 경험할 나이에 1년 동안 성인식 준비기간을 거친다. 그리고 그 시기에 '신은 왜 나를 세상에 내보냈고, 나의 존재는 무엇인지, 나는 앞으로 무엇을 하며 어떻게 살아야 할 것인지'를 고민하여 성인으로서의 정체성을 확립한다.

이 성인식에서 살펴볼 것은 '주체성'이다. 12세, 13세의 나이에 토라를 공부하며 삶의 의미를 발견해나가는 시간을 가지는 민족, 유대 아이들의 성인식을 준비하는 마음가짐은 어떨지 궁금해진다. 과연 주체적으로 그 과정을 준비하며 삶의 참 의미를 깨달아가는 시간인지 궁금하다. 하지만 분명한 것은 이 성인식을 통해서 부모는 아이들을 독립적인 인격체로 인정하는 것이다. 이 부분에서 멈춰 서게 되었다. 비슷한 나이가 되어가는 우리 아이들을 보면서 '나는 얼마나 우리 아이들을 독립적인 인격체로 존중하고 있었는가?'

유대인의 성인식에서 나의 결혼식을 떠올렸다. 나에게 성인식이라는 것은 결혼식이었을까? 스스로 식장을 알아보고 결혼 살림을 준비하며 남편과 가정을 꾸려나갔던 그 시절이 떠올랐다. 부모를 떠나 독립된 가정을 꾸렸던 그 시기가 육체적으로 정신적으로 온전한 '독립적인 인격체'가 되었던 순간인 것 같다. 이에 비해 훨씬 어린 나이에 이런 경험을 할 수 있는 유대인의 성인식이 매력적으로 다가왔다. 한 나라의 문화를 그대로 가져올 수는 없겠지만, 우리 가족만의 성인식은 무엇이 있을까 생각해본다.

성인식의 기본 취지와 방향이 '독립된 인격체'라고 본다면, 오히려 쉽게 접근이 가능했다. 아이를 바라보는 나의 시선의 변화가 가장 급선무였다. 아이는 내가 도움을 주어야 하는 존재로 보는 시선을 거두어야 한다. 이제 초등 고학년이 되어가는 우리 아이들을 바라보며, 아이들이 스스로 결정하고 판단하며 선택하는 경험들을 많이 선물해야겠다는 생각에 이른다. 내가 가진 하나의 정답에 아이를 맞추는 것이 아니라, 아이가 가진 또 다른 해답에 고개를 끄덕일 수 있어야 한다. 그것이 '독립적인 인격체'로 바라보는 우리 집만의 성인식의 시작이다.

기여(티쿤올람 : 세상을 고친다)

1장에서 살펴본 티쿤올람은 '세상을 좋은 곳으로 바꾼다. 번영케 한다'는 뜻이다. 앞서 우리나라의 건국이념인 홍익인간에 빗대어 이 정신을 기록했다. 나의 유익을 위한 삶과 더불어, 나의 한걸음이 나를 포함하여 내 주변의 이웃에게도 작은 보탬이 될 수 있다는 것이 바로 홍익인간의 정신이다. '널리 인간을 이롭게 하라.' 이 건국이념은 유대인의 티쿤올람과 맞닿아 있다.

이 거대한 이념 앞에 한없이 작아진 내가 아니라, 거대해진 나와 마주

한다. 다음 세대를 살아갈 우리 아이들에게 큰 포부와 정신을 이어줄 수 있는 나의 작은 걸음은 바로 '관심, 이해, 경청'임을 다시금 바라본다. 세상을 고치는 힘도, 널리 인간을 이롭게 하는 그 힘도 결국은 아이에게 작은 관심을 기울이는 것부터 시작임을 발견한다. 각 가정에서 수학 문제 하나를 더 풀고, 영어 단어 하나를 더 외우는 학습이 아니라, 아이의 세심한 감정의 변화와 부모님의 마음을 살피는 아이로 성장한다면 그 가정은 세상을 고치는 가정으로 성장할 수 있다.

언제나 이상과 현실 사이의 거리감에 좌절한다. 하지만 그럼에도 불구하고 다시 이야기를 나누어본다. 아이와의 하브루타 대화를 통해서 아이의 생각이 확장되고 스스로의 깊이를 살펴보는 아이로 성장한다. 이 성장은 아이에게서 멈추지 않고 주변의 성장으로 이어진다. 이 움직임은 세상을 고친다는 티쿤올람의 정신이요, 널리 인간을 이롭게 하는 홍익인간의 정신이다.

아이와의 대화는 남편과의 대화로 이어지며 건강한 선순환이 시작된다. 내 아이에 대한 관심과 경청이 남편에 대한 관심과 경청으로 이어지며 가정의 회복을 이루어나간다. 이 건강한 선순환의 시작을 각 가정에서 경험하며 함께 성장해나가기를 소망한다.

02

최고의 하베르는 누구인가?

하브루타의 어원은 '하베르'와 같다. 짝을 의미하는 '하베르'의 어원은 '하브'인데, 이것은 '신세나 은혜'를 말한다. 짝과 함께 생각을 나누며 이야기하는 그 시간은 각자 몰랐던 생각을 일깨워주고, 편견에서 벗어날 수 있게 해준다. 서로의 창의적인 생각을 일깨워주는 하브루타의 대화법은 이렇게 시작된 것이다.

하브루타와 한걸음 더 가까워지면서 하베르에 대한 열망이 커졌다. 내가 아이의 하베르가 되기 이전에 내가 누군가의 하베르가 되는 경험이 먼저이다. 누군가가 나의 하베르가 되어 나의 편견과 고정관념을 깨주며 함께 성장하는 것이 먼저이다.

'하루 중 가장 많은 이야기를 나누는 사람이 누구였지?'

'모진 소리 속에서도 나를 위한 한마디를 해줄 수 있는 사람이 누구지?'

'나에게는 쓴소리이지만, 나를 위한 한마디를 해주는 사람이 누구지?'

'내 고정관념과 편견을 깨줄 수 있는 사람이 누구지?'

우리 자녀에 대해 가장 큰 관심을 가지고 있는 사람, 우리 가정에 대해 가장 큰 관심을 가지고 있는 사람은 바로 남편이었다.

멀리서 찾는 것이 아니라 가정을 세워가는 가장 큰 주체인 부부가 서로의 하베르가 되는 것이다.

"당신은 나의 최고의 하베르예요."

"하베르? 그게 뭔데?"

"유대인들은 친구나 짝을 하베르라고 해요. 당신과 매일 이렇게 치열하게 이야기 나누는 이 시간들이 바로 하브루타예요. 하브루타가 어려운 것이 아니라, 짝과 함께 한 가지 주제를 두고 치열하게 이야기하며 각자의 고정관념을 깨뜨려주는 것이거든요."

남편과의 가장 치열한 논쟁거리는 '육아'였다. 아이들의 앞길에 놓은 작은 돌멩이와 고민거리들을 미리 쓸어줄 것인가? 스스로 시행착오를 겪으며 이겨나가도록 지켜볼 것인가? 부모로서 우리의 역할이 어디까지인가? 성장하고 있는 아이들에 맞게 우리의 자리는 또 어떻게 달라져야 하는 것인가에 대한 이야기를 많이 나누었다.

아들이 생후 6개월부터 시작된 생소한 질환(방광요관)으로 건강에 예민해졌던 시간이다. 영아기였고, 건강과 관련된 부분이기에 적극적으로 개입했던 시간이었다. 두 발 벗고 나서서 아이들의 앞길에 놓인 장애물들을 제거해주던 때였다. 다행히도 시술 이후 건강을 회복했고, 이제는 한 발 뒤로 물러서야 하는 시간이 찾아왔다. 그런데 아들이 음식을 삼키지 못하는 순간을 맞이하며 우리 부부는 큰 좌절을 맛보았다.

음식을 삼키는 일은 본능적인 것이며, 자동적인 것인데 무엇이 아들의 음식 섭취를 거부하는지 그것을 찾는 것에 집중하던 시간을 보냈다. 우리의 양육 태도, 가정 분위기, 부부관계, 아이의 기질 등 모든 것을 다시 되짚어보는 시간을 가졌다. 『복수 당하는 부모들』(전성수, 2008)를 읽으며 눈물짓기도 하고, 서로를 토닥여주기도 하며 가정의 기틀을 다잡는 시간을 보냈다.

요즘은 언제 그랬냐는 듯이 회복된 아들을 보며, 지나온 터널을 통해 우리 부부 사이가 훨씬 돈독해진 시간이었다고 고백한다. 분명 힘든 터널이었지만, 그 터널을 함께 지나온 남편에게 전우애가 생겼다. 열이 나면, 두 살배기 아이를 업고 응급실로 달렸다. 핵의학검사, 역류검사 등 차가운 기계 앞에 누워 있는 아이를 바라보며 눈물지었다. 수술대 위에 있는 아이에게 해줄 수 있는 것은 담대한 엄마의 모습을 보여주는 것뿐이었다. 아이 앞에서 애써 태연한 척했지만, 마음 한구석은 아팠고 남편에게 괜히 화를 내며 다투기도 했었다.

"여보, 우리는 적군이 아니라, 아군이야."

그때 남편이 했던 이 말은 오래도록 남아 있는 말이다. 남편이 미워질 때, 왜 나랑 다른 의견을 표현하는지 이해가 되지 않을 때, 속으로 되뇌었다.

'우리는 한편이지.'

그렇게 한편으로 달려오던 우리 부부에게 주어진 멈춤의 시간은 새로운 애칭을 선물했다. 바로 '하베르'.

"여보, 당신과 나는 한편, 서로를 깨닫게 해주는 하베르!"

03

우리 집만의 가치를 발견하라

하베르인 남편과 가장 많은 이야기를 나누면서 우리 집만의 우선순위인 가치를 찾게 되었다. 아이들에게 전해줄 수 있는 최고의 메시지가 무엇인지에 대한 이야기였다. 아이를 바라보면서 가장 많이 부딪히는 것이 있는 모습 그대로 아이를 바라보지 못하는 것이다. 내가 원하는 모습으로 아이가 따라오기를 바라지만 나이가 들어감에 따라 아이를 나의 통제권 안에 들어오게 하는 것은 더욱 힘든 일이다. 아이의 있는 모습 그대로의 존재가치를 인정해주고 소중한 존재임을 알려주고 싶다는 결론에 이르렀다. 그때 엄마가 전해준 사랑의 메시지를 함께 전했다.

"너는 네 아들 살려라. 나는 내 딸 살리련다. 네가 제일 소중하데이."

무뚝뚝한 엄마에게서 나온 최고의 찬사임을 남편도 잘 알고 있기에 함께 공감했다. 그리고 남편이 제안했다.

"소중하다는 메시지를 우리가 전해주고 싶지만, 일상 속에서 매일 그렇게 느낄 수 있도록 하는 건 조금 어려운 것 같아. 레터링 스티커를 방마다 붙이면 어떨까?"

남편의 제안이 정말 좋았다. 그렇게 침대 옆, 거울, 현관문, 거실 등 눈에 보이는 곳 마다 레터링 스티커를 아이들과 함께 붙였다.

"있잖아. 너는 소중해."

"어서 와요. 소중한 당신."

"난 그냥 좋던데 그대가."

"더 많이 웃고, 더 많이 사랑하자."

"오늘도 화이팅!"

예쁜 레터링 스티커로 집안 곳곳에 아이들에게 전하고 싶은 메시지를 붙였다. 아이들은 문구들이 손발이 오그라든다고 표현했지만, 우리 부부는 꿋꿋이 작업을 완료했다. 침대 옆, 침대 위 천장에도 붙였다. 자기 전, 자고 일어나서 무의식적으로 올려다본 하늘에서도

"있잖아, 너는 소중해."

메시지가 보였다. 부모인 우리의 내면 아이에게도 한없이 들려주고 싶

은 그 한마디가 아닐까? 스티커만 붙였을 뿐인데도 내가 소중해진 듯한 기분이 들었다.

그렇게 시간이 흘러 조금씩 언어가 달라짐을 경험한다. 아이들과 대화 속에서도 장난처럼 늘 이 말을 했다.

"난 소중한 사람이야. 우리 엄마가 나 소중하다고 했어. 마흔이 넘어서 들었다고 그 말을…."

뜬금없는 '소중함' 난발에 아이들은 당황했지만, 같이 웃어주는 여유를 보여주었다. 그리고 아이들의 언어가 조금씩 변화되었다. 딸은 무엇인가를 부탁하거나 장난을 걸어 올 때면 어김없이 이 말을 덧붙였다.

"엄마의 사랑하는 딸이 엄마 도움이 필요해."

"엄마의 사랑하는 딸이 배가 고파."

현실 남매인 둘의 치열한 전투 현장에서도 이 말이 나타났다.

"야, 나 소중한 사람이야. 이렇게 하면 안 되지."

그렇게 농담 반, 진담 반 우리 집의 언어가 바뀌어가는 것을 지켜볼 수 있어서 감사하다. 이제 사춘기로 접어드는 아이들에게 내가 해줄 수 있는 일은 이 메시지 하나뿐이다. 아이들이 스스로의 정체성을 알아가며 혼란스러움을 겪을 때 아이가 기억했으면 하는 말도 이 말이다.

어른이 되어서 듣게 된 엄마의 소중하다는 메시지가 나를 살렸다. 이처럼 우리 아이들도 세상에서 가장 소중한 존재임을 알고 늘 그 사랑을 전하고 싶어 안달이 난 부모의 마음을 조금이라도 알아주었으면 좋겠다.

부모가 되어서야 비로소 부모의 마음을 이해하게 된다. 믿음직한 딸이었던 나는 늘 무엇인가를 잘 해내야 했다. 그것이 원가족에서 나를 증명해내는 방법이었던 것 같다. 엄마 앞에서 눈물짓기보다는 늘 언제나 잘 지내고 있는 딸로 보이고 싶었다. 그래서 힘들다는 소리 한번 하지 않고 어른이 되었다. 그런 내가 눈물지으며 힘들다는 이야기를 내뱉었을 때, 엄마가 보내준 사랑의 메시지는 나를 살린 것이 분명하다.

나의 원가족에서 받은 가치는 무엇이었을까 생각해보았다. 형제들마다 느끼는 것이 다를 테지만, 셋째인 내가 받은 메시지는 바로 이것이었다.

"자라는 중이야. 크는 중이야."

손 옆에 새살이 돋아도, 입이 좀 트더라도, 물사마귀가 생겨도, 엄마는 늘 이렇게 말씀하셨다. 세 아이를 키우면서 막내인 내가 겪는 일들은 아이가 자라면서 지나오는 과정임을 터득한 것이다. 하지만 막내인 나는 내심 서운하기도 했다. 손이 트고, 입이 트면 연고를 발라주고 관심을 보여주지 않고 언제나 같은 소리만 하셨기 때문이다.

"다~ 크느라 그런기다."

그리고 발라주시는 것은 바셀린이나 안티 프라민이었다. 그 두 개는 우리 집 만병통치약이었다. 어떤 상처에도 그 둘은 약상자에서 등장했다. 어떤 병에도 등장했던 엄마의 처방전이었다.

지난겨울, 김장을 위해 온 식구가 모였다. 손주들이 많은 대가족이어서 어른들은 김장을 하고, 아이들은 아이들끼리 놀고 있는데 아들의 손이 무언가에 긁혔다. 외할머니는 역시나 약상자를 꺼내서 바셀린을 척척 바르신다.

"아~ 이거 엄마가 말한 그 바셀린이네."

엄마에게 배워서 그런지 나도 무신경을 장착하고 태어났다. 아이들이 작은 상처로 아파하면 나 역시 바셀린과 안티프라민을 발라주며 한 마디 덧붙인다.

"응, 자라느라 그래."

"또 그 소리."

"이거 우리 엄마 명언이야."

아이들이 살아가며 어린 시절을 추억할 때 무엇을 기억할지는 부모인 내가 정해줄 수 없다. 다만 삶의 자리에서 보여준 메시지를 아이는 기억하고 있을 것이다. 우리 아이가 자라서 어린 시절을 어떻게 추억할지 궁금해진다. 미래의 손주에게 한번 물어보고 싶다.

"너희 아빠(엄마)는 어린 시절 할머니가 한 말 중에, 어떤 말이 기억에 남았대?"

04

뭐 하고 놀지? 같이 놀자!

연년생 두 아이를 키우며 첫 휴직을 했던 시절, 현실은 녹록지 않았다. 무엇을 하며 어떻게 놀아주어야 할지 막막했다. 그때 만나게 된 것이 '비바놀이유치원'이었다. 블로그를 통해서 알게 된 온라인 모임은 일주일에 한 번씩 미션을 주고 아이들과 함께 놀며 서로 인증했다. 미술, 체육, 동화책 읽기 등 다양한 활동을 함께 하며 온라인 공동육아를 하던 시간이었다.

매주 미션을 완성하고, 인증샷도 찍고 블로그에 비공개로 차곡차곡 쌓아나갔다. 나의 첫 휴직은 아이들과 함께 놀았던 그 시간으로 남아 있다. 사진으로 가득 남겨 놓았기에 아이들에게 우쭐해지는 시간이기도 하다.

"엄마가 이렇게 아가인 너희들하고 놀았었어."

이젠 추억으로 남아 있는 사진이다.

두 아이가 초등학교에 입학하고, 장거리 출퇴근을 하면서 아이들과의 시간이 소원해졌다. 아이들의 낮 시간은 학원으로 옮겨졌다. 맞벌이 가정의 피할 수 없는 선택이었다. 그런데 코로나와 함께 멈춤의 시간을 선물 받았다. 전 세계는 코로나의 공포에 휩싸여 외출이 자유롭지 못하다. 아이들은 모두 마스크를 쓰며 두려움에 떨고 있다. 놀이터에서 신나게 놀지도 못하게 되었다. 이제 다 자라버린 초등학생 아이들과 무엇을 하고 놀아야 하는지 막막했다.

"초등학교 선생님이잖아요. 아이들과 잘 놀아주시겠지요."

하지만 현실은 그렇지 않았다. 교실의 아이들은 선생님과 학생으로 만났기에 학습 목표와 시간표대로 움직이는 것이 가능하지만, 가정의 아이들은 엄마와 자녀로 만났기에 학습 목표와 시간표대로 움직이는 것이 불가능했다. 아이들에게 나는 선생님이 아니고 엄마이기 때문이다.

"왜 해야 하는 거야?"

무언가 새로운 시도를 하면 반발을 하는 아이들을 어떻게 다독여 나가야 할지 막막했다.

아이가 주도적으로 놀게 하는 법

'그래, 놀아주는 게 아니라, 같이 놀자!'

스킨십 놀이를 자연스럽게 시작했다. 스카프로 팔을 통과하던 어린 시절 사진을 보여주며, 이렇게 너희들과 놀았다고 다시 한 번 해보자며 시작되었다. 그 후 놀이의 주인공은 아이들이다. 아이들이 주도하는 놀이 기차에 올라탄 것이다. 이불로 김밥 말이를 한다. 이불을 뒤집어쓰고 전기놀이를 한다.

이렇게 아이들이 놀이의 주인공이 되기까지 참 쉽지 않았다. 놀이를 통해서 무엇인가를 가르쳐주고 싶었고, 놀이를 통해서 규칙을 익히게 하고 싶었다. 놀이를 통해서 학습을 연관 지어 생각하려 했다. 하지만, 놀이는 즐거움이다. 아이들은 그 즐거움을 통해서 스스로 배워나간다. 엄마가 무엇을 의도해서 놀 필요가 없다.

『본질육아』(지나영, 2022)에서는 아이가 주도적으로 놀게 하는 법을 P. R. I. D. E. 로 안내하고 있다. 'Praise(칭찬하기), Reflect(반사하기), Imitate(따라하기), Describe(묘사하기), Enthusiasm(열정을 가지고 하기)'가 바로 그것이다.

방법은 아주 간단하다. 아이가 하는 것을 칭찬해주고, 아이가 하는 말을 유사하게 반사해준다. 아이의 행동을 따라 해주고, 아이가 하는 것을 그대로 묘사해주는데, 이것을 열정적으로 신나게 해주는 것이다. 이 간단한 방법을 생활 속에서 실천하기까지는 상당히 오랜 인내의 시간이 필요했다. 가르치고 싶은 욕구를 억누르고, 주도하고 싶은 욕구를 억누르고, 아이가 스스로 재미있게 놀이를 주도할 수 있도록 주도권을 내어주어야 한다. 놀이의 주인공은 아이이며, 아이 안에서 무궁무진한 아이디어가 샘솟을 수 있도록, 아이의 말을 유사하게 반사해주는 것이 가장 큰 역할이다. 그리고 가장 중요한 것은 이 과정을 열정적으로 신나게 하는 것이다.

나는 이 방법을 새롭게 명명했다. '날 따라해봐요. 이렇게.'라고 이름 지었다. 아이와의 놀이에서 가장 중요한 것이 첫째도 반영, 둘째도 반영, 무조건 반영하기라는 사실을 몸소 경험했기 때문이다. 아이가 무엇에 흥미가 있는지 관찰한다. 그리고 아이의 행동과 말을 따라 한다. 그뿐이다. 놀이의 주도는 내가 하는 것이 아니다. 아이의 잠재력을 믿고 아이 주도로 노는 것이다. 아이는 갑자기 다 쓴 볼펜심을 가위로 잘라본다. 볼펜 액체가 찐득함을 피부로 느낀다. 볼펜 속에 작은 공이 있다는 것을 발견한다. 그 공을 자석에 붙여본다.

"어? 볼펜 속에 구슬이 자석에 붙었어. 볼펜에 쇠구슬이 있었네."

아이의 놀이는 아이가 자라는 시간이다. 놀아주려고 하기보다 아이의 행동을 반영하면, 아이는 그 속에서 자기만의 생각을 펼치며 자라난다.

반영하기는 아이의 행동을 그대로 따라서 반복하는 것이다. 고개를 끄덕이면 끄덕이는 대로, 장난감을 잡으면 잡는 대로 아이의 시선을 그대로 따라가며 아이의 관심에 집중하는 최고의 표현이 바로 '반영'인 것이다. 데이트 첫날 서로 떨리는 마음으로 연인을 바라본다. 서로 호감을 가지고 있는 이들이 자신도 모르게 상대방을 따라 하는 '미러링 효과'에 대해서 익히 들어보았을 것이다. 무의식적으로 따라 하는 상대방의 몸짓에 서로 동질감을 느끼며 분위기는 금방 편안해진다. 아이와의 놀이도 이런 미러링 효과, 반영이 중요하다.

나는 아이들의 만화에 함께 빠지고, 아이들의 놀이에 함께 빠지면서 나의 어린 시절로 여행을 떠나보았다. 깔깔 웃으며 도라에몽을 함께 보던 어느 날, 어린 시절의 한 장면이 떠올랐다. 둥그런 보름달이 해보다 컸던 그날, 나는 깡통 차기, 고무줄놀이, 숨바꼭질을 하며 시간 가는 줄 모르고 놀았었다. 그때 우리의 놀이를 주도하는 어른은 없었다. 동네 언니와 친구와 동생들과 함께 놀았다. 한 놀이가 끝나면 자연스럽게 다른 놀이로 이어지는 무한 놀이의 시간이었다. 우리 놀이를 멈출 수 있는 유일한 것은 동네 가득 울려 퍼지는 엄마의 목소리였다.

"수경아, 밥 먹자."

노을 진 저녁 하늘과 해보다 커다란 보름달, 집집마다 저녁 먹으라며 재촉하던 엄마들의 목소리가 내 어린 시절 놀이의 추억으로 자리 잡았다.

뭐하고 놀지를 고민하는 것이 아니라, 아이들의 놀이 열차에 함께 타본다는 생각이 나를 조금 편안하게 했다. 아이들의 말을 한 번 더 반복해주며 아이들이 주인공이 되도록 한발 뒤에 있을 수 있는 시간이었다. 아이들의 놀이 열차에서 신나게 함께 노는 시간이었다.

스킨십과 호흡법

아이와의 스킨십은 아이와의 애착형성에서 중요한 과정이다. 엄마와의 긴밀한 애착형성이 아이의 안정감에도 큰 영향을 미친다. 아이와의 자연스러운 스킨십 실천법은 잠자기 전 20초 허그와 발 씻기이다. 매일 잠자기 전에 두 팔로 꼬옥 감싸 안으며 속삭여준다.

"넌 정말 소중해."

"20초 허그하자. 하나, 둘, 셋…."

신나게 놀고 온 아이의 발, 열심히 공부하고 온 아이의 발을 씻어줄 수 있는 나이가 이제 얼마 안 남았다는 생각이 들었다. 초등 중학년만 지나도 이제 발 씻기는 어린 시절 추억으로 남게 될 것이다. 그래서 다시 매일 밤 아이들의 발을 씻으며 피곤한 발을 씻어주고, 수고한 하루를 보듬어주었다. 그렇게 매일 반복하니 화장실 바닥 정리는 아이들의 몫이 되었다. 일석이조였다.

발 씻기는 호흡법으로 이어졌다. 명상이나 호흡을 아이들에게 적용하기에 좀 어려움이 있었다. 풍선호흡법처럼 쉽게 아이들과 할 수 있는 것을 없을까 생각해보던 중 자연스럽게 비누방울 놀이로 이어졌다. 발 씻는 시간이 생각보다 훨씬 길어진다는 점 이외에는 장점만이 가득한 시간이었다. 조심스럽게 '후' 불어가며 비누방울을 만드는 그 순간은 호흡법을 알려주지 않아도 아이 스스로 호흡을 터득하는 시간이다. 비누방울이 터지지 않도록 조심스럽게 크기를 조절하는 그 시간. 가장 크게, 가장 작게, 가장 오래 비눗방울을 유지하기 위한 호흡을 스스로 익히는 시간이었다.

매일 발 씻기, 비누방울 놀이, 이불 김밥 만들기, 스카프로 옷 속 통과하기 등 이런 놀이들은 이미 가정에서 아이들과 함께 하고 있는 놀이이다. 유아기에는 아이들과 재미있는 놀이를 많이 하지만 초등학교에 입학 후에는 부모님들께서 학습적인 것에만 몰두하는 경향이 있다. 나 역시 그러했다. 어린 시절의 그 놀이를 다시 했을 뿐인데, 아이들은 그 시간을 기다리고 있었다. 아이들은 몸집만 더 자랐을 뿐, 아직 동심 그대로였다.

막 걸음마를 떼었을 때, 번개맨에 푹 빠져 있는 아이들과 함께 번개맨 공연을 보러 갔던 그 시절을 추억하며 덩치 큰 사랑둥이들과 함께 뒹굴며 사랑을 전한다. 아이들의 관심사에 함께 관심을 보이는 것이 바로 사랑의 표현이다. 아이들의 놀이에 웃으며, 반응하며, 즐기는 것이 사랑의 표현이다. 놀아주는 것이 아니라 같이 노는 것이다.

05

잠자리 대화의 비밀

궁금해. 이야기해줘. 포켓몬스터? K-pop?

유대인들의 하브루타에 관심을 가지며 발견한 것이 있다면 바로 이것이다. 그들이 삶의 모든 영역에서 하브루타를 실천하는 모습이었다. 하브루타라는 것이 단순한 토론, 대화 기술이 아니라, 아이를 향한 부모의 관심이었다. 그렇게 생활 속 하브루타로 이어진 가장 중요한 자리가 첫째는 잠자리 대화이고, 둘째는 식사의 자리이다. 이 장에서는 잠자리 대화에 대해서 먼저 기록한다.

아이들과의 대화 중 가장 자연스럽게 깊이 있는 대화가 가능한 시간이 언제일까? 바로 잠자리 대화 시간이다. 하루를 마무리하며, 잠자리에 든 그 시간, 아이들의 생각도 마음도 가장 말랑 말랑해진 시간이다. 하루 중에 속상했던 일, 기뻤던 일, 뿌듯했던 일, 아쉬웠던 일을 미주알고주알 이야기 나누며 털어내는 시간이기도 하다. 아이들이 어렸을 때부터, 초등학생이 된 지금까지 꾸준히 이어지고 있는 것이 단연 잠자리 대화이다.

"얼른 자! 이제 그만 얘기하라고!"

"누나가 오늘은 먼저 자는 게 어때?"

잠자리에 든 아이들이 서로에게 하는 이야기이다. 보통 아들을 먼저 재우고, 딸과 이야기를 나눈다. 중학년, 고학년이 된 아들과 딸의 대화 주제도 생각도 다르기에 잠자리 대화는 1:1 대화 시간으로 맞이한다.

"오늘 하루 중에 가장 뿌듯했던 일은 뭐야?"

"오늘 가장 재미있었던 일이 뭔지 얘기해줘."

"오늘은 어떤 이야기를 해줄 거야?"

잠자리 대화의 주인공 역시 아이들이다. 간단한 질문을 던지고 나면 아이들이 속사포처럼 일상을 이야기하기 시작한다. 신나고 즐거웠던 일부터 속상했던 일까지 낮에는 하지 못했던 이야기를 불 끄고 누운 침대 맡에서 술술~ 풀어낸다. 이때 엄마의 역할은 풍부한 리액션을 하는 방청객 모드이다.

이 잠자리 대화에서 듣게 된 이야기 중에 기억에 남는 것이 바로 포켓몬스터이다.

"엄마, 포켓몬스터는 정말 감동적이야."

"오, 그래? 어떤 내용이 감동적인지 얘기해줄래?"

"주인공 지우는 평소에는 맨날 늦잠을 자는데 월드챔피언십에 가려고 연습하고 훈련하고 노력을 해. 그래서 포켓몬 이야기는 진화하고 성장하는 이야기야."

"아, 지우는 평소에 늦잠을 잤었는데 목표가 생겨서 연습하는구나."

"응, 맞아. 그리고 잉어킹이라는 포켓몬이 있는데, 가장 초라한 포켓몬이거든. 근데 진화하는 과정은 힘들지만 진화하고 나면 정말 멋진 모습으로 변해. 빈티나라고 가장 못생긴 포켓몬도 진화하기는 힘들지만 진화하고 나면 완전히 다른 모습으로 변해."

아들의 포켓몬에서 배운 깨달음이 엄마에게도 고스란히 전해졌다. 포켓몬 빵과 띠부실로 익숙한 포켓몬스터 만화에서 아들은 '성장, 진화, 노력'을 발견한 것이다. 그날 밤 포켓몬을 전해들은 나는 다음날 포켓몬을 검색해보았다. 포켓몬 도감에는 905가지나 있었다. 피추가 피카추로 라이츄로 진화해가듯이, 잉어킹은 갸라도스로 진화한다. 말로 전해 들었던 이야기가 도감을 살펴보면서 새롭게 들렸다. 다음 날 아들과 함께 포켓몬 만화를 같이 보니 만화 내용도 재미있었다. 자연스레 아들과의 잠자리 대화는 한동안 포켓몬이었다.

"근데 궁금한 게 있어. 포켓몬은 언제 진화하는 거야?"

"아, 그건 정말 다양해. 트레이너가 진화의 돌을 얻어서 도움을 주거나 포켓몬이 스스로 성취감을 느낄 때 진화하기도 해."

아들의 관심사에 관심을 보였을 뿐인데 정말 신이 나서 설명을 한다. 덕분에 나도 포켓몬스터 만화를 새롭게 보게 되었다.

매일 늦잠 자는 지우에서 자기 모습을 발견하고, 월드 챔피언십에 나가고자 노력하는 모습에서 과정을 보고, 각 캐릭터만의 필요를 찾아주었을 때 진화하는 캐릭터를 지켜보는 재미가 포켓몬에 빠져들게 한다.

포켓몬을 향한 아들의 흥분된 모습 속에서 성장한 아들을 만난다. 그냥 지나칠 수 있는 만화의 한 장면이 아들의 기억에 남아 있었다. '연습, 훈련, 노력, 성장, 진화'를 신나게 이야기하는 모습을 지켜보며 이 단어는 아들의 것이 되었다는 확신이 들었다. 초라한 포켓몬 잉어킹, 가장 못생긴 캐릭터 빈티나 등 900여 가지의 포켓몬을 다 알 수는 없지만, 각 캐릭터의 특성을 이해하고 그 성장을 지켜보는 아들의 이야기에 엄마는 흐뭇하다.

딸과의 잠자리 대화에서는 BTS와 세븐틴에 대해서 신나게 이야기하는 시간이다. 나도 한때 HOT의 팬이었기에 딸의 관심사에 적극적으로 반응할 수 있었다.

"자, 오늘의 퀴즈 RM의 본명은?"

"김남준."

매일 밤, 딸은 나에게 잠자리 퀴즈를 내며 자신의 이야기를 잘 듣고 있는지 확인했다. 딸과의 대화에서는 좋아하는 음악, 가수, 생일, 일상 이야기 등 다양한 주제로 대화가 전환되었다. 가장 깊이 있는 대화의 시간이 바로 잠자리 대화 시간이었다.

"엄마, 오늘은 내가 정말 초라하게 느껴졌어."

"어? 그래? 무슨 일이 있었어?"

"응, 과학 시간에 우주에 대해서 배웠는데, 우주 밖에서 지구를 바라보니 정말 작더라고. 내가 그렇게 작은 존재라니 새삼 초라해졌어."

6학년이 된 딸이 스스로의 자아에 대해서 알아가는 시간이기에 잠자리 대화는 정말 꼭 필요한 시간이었다. 어린 시절에는 마냥 기쁘기만 했던 딸이 이제 슬픔, 화남, 분노, 성찰 등 다양한 감정을 배워가는 중이다. 딸의 성장 여정에서 생각의 변화를 알아가는 시간, 바로 잠자리 대화이다.

잠자기 전 마음껏 털어놓는 아이의 하루 일상은 내가 엄마가 되어 누리는 가장 큰 특권이다. 딸은 유치원 때부터 청소년이 된 지금까지 소소한 하루 일상을 잠자리에서 털어놓는다. 기분 좋았던 일부터, 뿌듯했던 순간, 속상했던 순간, 웃겼던 순간 등 하루 일과를 다 털어놓고 나면 금방 잠자리에 든다. 아들과의 잠자리 대화에서는 대화의 주제가 주기별로 바뀐다. 아들의 관심사가 다양하기 때문이다. 큐브, 파크루, 비행기, 로블록스, 포켓몬고, 우주, 빅뱅… 그 작은 머릿속에 얼마나 많은 생각들이 담겨 있는지 신기하다.

잠자리 대화는 자녀와의 거리를 더욱 가깝게 만드는 시간이기에 매일 밤 꼭 지키는 시간이다. 이 대화의 시간은 아이의 자존감이 회복되는 시간이다. 하루 중 당당하지 못했던 부끄러운 모습을 조심스럽게 말로 표현해보며 고민의 크기를 스스로 가늠해보게 된다. 때로는 위로를, 때로는 공감을 덧붙이며 대화를 나눈다. 이제 사춘기에 접어든 딸의 다양한 감정 스펙트럼을 아직 살피지 못할 때가 많다. 하지만 여유로운 마음은 생겼다. 내가 아이의 감정을 해결해줄 수는 없지만, 아이의 감정을 들어줄 수는 있다는 사실이다. 스스로의 감정을 표현해보는 것 자체, 나의 이야기에 귀 기울여주는 사람이 있다는 것 자체는 분명한 메시지가 있다.

'나의 있는 모습 그대로를 표현해도 괜찮구나.'

'나의 이야기에 변함없이 귀 기울여주는 단 한 사람을 기억하며 다시 힘내보자.'

이러한 부모와의 상호작용은 아이의 두뇌 발달에 가장 중요한 역할을 한다. 『유대인 엄마처럼』(전성수)에서는 베갯머리 교육의 중요성을 뇌로도 설명하고 있다. 우리의 뇌는 잠을 자는 동안 저장해야 할 기억과 버려야 할 기억을 정리한다. 그 일은 해마가 하는데, 우리가 잠든 사이에 가장 활발하게 움직인다. 해마는 낮의 상황을 기억해두었다가 우리가 자는 동안 그 기억을 정리하고 축적한다. 그래서 자기 직전의 정보가 가장 잘 저장된다는 것이다. 자기 직전에 하는 베갯머리 교육은 그래서 아이의 뇌에 가장 잘 저장된다. 특히 부모가 자신을 사랑하고 있음을 직접 체감하면서 잠이 들기 때문에 애착 형성에도 가장 좋다. 아이가 잘 때마다 부모의 사랑을 확인하면서 자게 되면 그 사랑의 확인이 뇌에 그대로 저장되기 때문이다.

부모와 자녀 사이의 거리를 0cm로 만드는 잠자리 대화의 마법을 이미 많은 부모님들께서 경험하고 계신다. 다만 청소년기를 거치며 새로운 모습을 보여주는 아이들 앞에 부모님은 당황스럽기도 하다. 하지만 한 가지 분명한 것은 '충분히 채워진 대화의 시간은 아이의 기억 속에 따뜻하게 남아 있다'는 것이다. 아이가 잠자리를 떠올리며 폭풍 수다를 하던 그 한 조각의 추억은 아이가 언제든 꺼내 볼 수 있는 우리 아이만이 가진 소중한 자산이다. 이 세상 단 하나밖에 없는 엄마와 아이만의 자산이다. 이러하기에 매일 꾸준히, 한결같이, 변함없이 그 자리를 지키는 것이 부모인 우리가 할 수 있는 가장 귀한 일이다.

06

회복의 식탁을 맞이하라

"공기가 가득 찬 빈 컵이 있어. 이 컵에서 공기를 빼내려면 어떻게 해야 할까?"

"글쎄. 공기는 버릴 수도 없잖아."

"뚜껑을 덮어도, 손으로 휘저어도 다시 모이는 게 공기인데…."

"아! 물을 채우면 되겠네."

공기를 빼내기 위해 공기의 성분을 분석할 것이 아니라, 새로운 것으로 빈 공간을 채워나가는 것이 바로 지혜이다. 새롭게 바라보는 눈이다.

아들의 음식에 대한 거부감도 서서히 회복되고 있었다. 음식을 넘기지 못하는 것에 초점을 맞춘 것이 아니라, 아들과의 관계, 가치, 대화, 질문에 관심을 가졌다. 그렇게 '관심, 사랑, 경청, 존중, 인정, 수용'의 가치에 관심을 가지고 기본을 다져나가던 시간들이 채워지면서 식탁의 시간이 회복되었다.

있는 모습 그대로의 존재가치의 발견은 '넌 소중해.'라는 메시지로 아이들에게 전해졌다. 친정엄마에게 들은 메시지는 길가에서 만나는 들국화를 통해서도, 고무나무의 새 순을 통해서도 매일 새로운 모습으로 알려주었다. 그 가치를 바탕으로 한 회복은 우리 가족의 대화의 방향을 바꾸었다. 아이들과의 놀이 시간은 의무감으로 놀아주는 시간이 아니라, 함께 어울려 신나게 웃는 시간으로 바뀌었다.

통통하게 볼살이 오른 아들에게 한마디를 건넸다.

"꿀떡 꿀떡 잘도 먹네."

"응, 그냥 스스륵 넘어가. 입에 들어가면 바로 사라져."

"작년에는 음식이 잘 안 넘어갔었잖아."

"그지? 그땐 왜 그랬나 몰라."

긴 터널을 지나왔다. 지나와서 보니 터널 속의 시간들이 까마득하게 느껴진다. 입에 들어가면 바로 사라지는 음식들이 거북이 목처럼 쏙 들어갔던 시절이 있었다. 왜 삼키지 못하는지 스스로도 이유를 찾지 못해서 답답해하던 순간이 있었다. 목에 걸린 비타민에 대한 두려움 때문인지, 빈 집에서 울려 퍼진 안전벨 때문인지, 부모로서 아이의 상황을 제대로 인지하지 못한 것 때문인지 무수히 많은 이유를 탐색했던 시간들을 흘려보냈다.

원인을 찾기 위한 몸부림의 시간은 괴로움 그 자체였다. 부모로서 자격미달이라는 생각에 좌절하는 시간이었다. 상황에 대한 핑계와 이유를 찾으며 코로나를 원망하기도 했다. 변화하지 않는 매일의 상황 속에서 좌절하기도 했다. 하지만 그 긴 터널 속에서 공기를 빼내기 위한 노력보다, 빈 컵을 무엇으로 채울지에 집중했던 시간이었다.

'무엇으로 다시 채워나가야 할 것인가? 어디서부터 잘못된 것인가? 무엇을 시작하면 될까?'

이 시기에 하베르인 남편과 가장 많은 대화를 나누었다. 자녀교육, 양육 태도, 대화의 표현법, 감정 표현의 서툰 모습, 원가정에서의 성장 과정, 서로의 상처까지 지나온 과정들을 하나하나 이야기 나누며 서로를 위로해주고 공감해주는 시간이었다.

"분명, 이 시기가 귀하게 고백이 되는 순간이 올 거예요. 이 가정이 지나온 시간이 또 다른 누군가에게 큰 도움이 될 거예요. 그 일에 귀하게 쓰이는 중이에요."

오래된 지인의 위로가 그 당시에는 들리지 않았다. 그저 위로의 말로 우리를 위해서 힘내라는 말이라고만 생각했다. 그런데 이 말이 긴 터널을 지나는 동안 아주 희미하게 보이는 터널 밖의 불빛이었다. 우리 가정만이 겪어낸 이 경험이 분명, 귀하게 사용되리라는 희망이 그 터널의 시간을 견디게 했다.

이렇게 책을 쓰게 된 계기도 바로 비슷한 터널을 지나고 있는 육아 초보 엄마, 아빠에게 작은 보탬이 되기를 바라는 마음으로 시작하게 되었다. 그 누구보다 좋은 부모가 되고자 가정을 이루었다. 하지만, 어느 날 갑자기 아이가 음식을 거부하며 뱉어내기 시작했다. 행동과 말이 거칠어지기 시작했다. 사춘기 남자아이를 만난 것 같은 반항적인 눈빛의 아이를 만났다. 모든 이유를 나에게서 찾으며 자기반성에 빠지기도 하고, 코로나라는 특수한 상황에 핑계 대기도 하고, 어린 시절 병원을 전전하던 그 걱정과 불안이 이렇게 발현되는 것인가 좌절하기도 했다. 아마도 모든 부모님들이 나와 비슷한 좌절의 시간을 지나가고 있지 않을까?

이 터널을 지나오는 과정에서 남편과의 대화는 가장 큰 힘이 되었다. 서로가 서로의 하베르가 되어 나만의 아집과 고정관념에서 빠져나올 수 있도록 독려했던 시간이다. 남편과의 회복은 가정의 회복으로 이어졌다. 가정의 대화가 살아나고, 하나씩 제자리를 찾아가고 있다. 물론,이 과정을 통해서 가족 각자 기질의 고유함을 이해하게 되었다. 내 과거의 한 경험이 아이의 행동을 왜곡되게 보고 있다는 것을 알게 되었다. 내가 성장 과정에서 가졌던 아빠에 대한 왜곡된 시선이 우리 아들에게서 발견될 때, 나는 더 많이 불안해하는 것을 보게 되었다. 그것은 실체가 없는 불안이었다. 이제는 아빠와 아들을 동일시하는 것이 아니라, 각자의 삶을 응원하게 되었다. 아빠는 아빠의 삶을 살고 있고, 아들은 아들만의 삶을 살고 있다는 그 당연한 이치를 지나온 긴 터널을 통해서 아주 조금 깨달았다.

하브루타를 통한 대화의 시간은 가족 대화의 관점을 많이 바꾸어놓았다. 내 생각이 옳다는 생각에서 '100명에게는 100개의 대답이 있다'는 생각으로 가족의 의견에 귀 기울일 수 있는 여유를 가지게 되었다.

어린아이들의 식사를 챙기느라, 엄마는 밥 한술 제대로 먹지 못했던 그 시기를 지나왔다. 어느덧 성장해서 스스로 먹는 아이들 앞에 앉아 있다. 이제 식사의 자리는 음식을 먹이는 자리가 아니라, 아이의 생각을 듣는 자리로 변하고 있다.

'유대인을 특별하게 만드는 비결은 없다. 다만 세대에 거쳐 계승되는 저녁 식탁의 문화가 있을 뿐이다.'라는 말이 있다. 매일 마주하는 식사 시간이 각 가정에서 어떤 의미로 자리하고 있는가? 온 가족이 둘러앉아 각자의 이야기보따리를 풀어놓는 시간은 진정한 회복의 식탁이다. 회복의 식탁을 맞이하라.

07

하브루타는 'ㅇㅇ'이다

하브루타를 통해서 가정에서 엄마의 자리를 찾아가고 있다. 하브루타는 단순히 독서토론을 위한 대화의 기술이 아니라, 아이를 향한 부모의 관심이며, 기다림이고 사랑이다.

하브루타는 '관심과 경청'이다

"할 일 다 했어? 학원은 다녀왔어? 알림장에 준비물은 없어?"

워킹맘으로 정신없는 하루를 보낼 때, 내가 아이들에게 한 말을 떠올려보니 대화가 아니라 지시와 확인이 전부였다. 아이들은 그날 있었던 일들도 이야기하고 싶고, 엄마도 보고 싶고, 온종일 밖에서 사회생활을 하고 돌아왔기에 집에서는 휴식을 원했을 텐데, 엄마는 퇴근 후 아이들을 점검하고 있었다.

하루 중 아이의 이야기에 가장 귀 기울이는 시간이 언제인가? 잠자리 대화를 통해서 아이의 관심사에 한 발 더 가까워지고 나니 아들은 매일 새로운 이야기에 신난다. 참 신기한 것은 아이들의 관심사는 참 잘도 변한다는 사실이다. 종이접기, 큐브, 마술, 요요, 게임, 축구, 유도… 무궁무진한 새로운 종목들에 일일이 다 반응할 수는 없지만, 아이의 관심사에 관심을 가지게 된 것은 참으로 감사한 일이다.

아이의 이야기에 귀 기울이는 '경청'만으로도 아이는 하루의 스트레스가 해소된다. 우리가 오랜만에 친구를 만나서 나의 스토리를 신나게 풀어내는 순간을 떠올려보면, 아이들의 이야기에 경청하는 그 순간도 이해 가능할 것이다. 아이의 흥미에 관심을 가짐과 동시에 나도 나의 관심사를 아이들에게 끊임없이 알려주었다.

"엄마는 식물을 보고 있으면 참 기분이 좋아져."

아이들의 관심사에 귀 기울였기에 아이들도 엄마의 이야기에 귀 기울여준다. 하루는 집이 엉망으로 어지럽혀 있고, 해야 할 일을 하지 않은 아이들에게 잔뜩 화가 났다. 잔소리를 퍼부으려고 하는데, 아들이 로즈

마리를 손으로 쓰윽 쓰다듬으며 코에 가져다 주었다.

"엄마, 로즈마리 향을 맡으면 기분이 좋아질 것 같아."라는 아들의 말에 함께 웃을 수밖에 없었다.

하브루타를 통해 서로에게 더욱 관심을 가지고 경청하게 되었다.

하브루타는 '기다림'이다

아이들은 끊임없이 성장하고 있다. 나 역시 그 아이들과 함께 자라고 있다. 자전거를 처음 배울 때처럼, 스케이트를 처음 배울 때처럼 하루아침에 완벽하게 성장하지 않는다. 굉장히 오랜 시간이 걸린다. 때로는 다시 원점으로 돌아간 것처럼 보이는 순간도 찾아온다. 부모의 자리가 끊임없는 기다림의 자리라는 것에 모든 부모님들께서 동의할 것이다.

열심히 공부해야 한다는 것을 머리로는 알아도 실천하기까지 오랜 시간이 걸린다. 거친 말을 사용하지 말아야 한다는 것을 알지만, 나도 모르게 욱하고 만다. 친구와 사이좋게 지내야 한다는 것을 알지만, 하루에도 수십 번 사소한 일들로 다툼이 일어난다. 머리로 아는 것이 가슴으로 내려오기까지 정말 많은 시간이 걸린다는 것을 알고 있다. 하지만, 아이들을 바라볼 때는 어떠한가?

"아까 말했잖아. 왜 안 지키는 거야? 약속했잖아. 아직도 안 하고 있어?"

아이에게 다그치기 전에 아이의 상황을 생각해볼 수 있는 유연함이 필요하다. 성장하고 있는 아이를 바라보는 눈이 필요하다. 지금 당장은 아무런 변화가 없는 것 같아도 자라고 있는 중임을 바라볼 수 있는 눈이 필요하다. 아이의 기질을 이해하고 보완점을 찾아 나가는 그 과정은 바로 아이를 향한 믿음을 가지고 기다리는 '인내'의 시간이다. 예정된 시간이 되면 기차가 올 것을 알기에 기다리듯이 아이에게 맞는 시간이 올 때까지 기다려줄 수 있는 자리, 그 자리가 엄마의 자리이다.

하브루타는 '사랑'이다

하브루타를 독서토론의 한 방법으로 접하게 되었을 때는 질문의 기술, 질문의 종류, 좋은 질문을 하는 방법을 찾아보는 것에 집중했다. 하지만, 하브루타를 직접 경험하면서 알아가는 것은 좋은 질문을 하는 그 순간도 관심과 기다림, 사랑에서 출발한다는 것이다.

아이들에게 자꾸 질문하는 이유가 무엇인가? 아이들의 생각을 듣고 싶은 이유가 무엇인가? 아이들과 하브루타를 통해서 이야기하고 싶은 것이 무엇인가? 생각해보면 결국, 아이와의 관계 그 자체이며 그 관계는 바로 '사랑'이다.

생활 속 하브루타를 통해서 가정의 회복을 꿈꾸는 것도, 잠자리 대화에서 아이의 생각을 듣는 시간도, 화이트보드를 이용해서 아이의 관심사를 경청하는 것도, 아이가 주도하는 놀이에서 신나게 노는 시간도 모두 '사랑'에서 출발하는 것이다.

하브루타를 통한 관심, 기다림, 사랑은 자연스레 자존감으로 이어진다. 부모님의 관심과 기다림으로 자란 아이, 사랑으로 자란 아이의 자존감은 세상 그 무엇과도 바꿀 수 없는 든든한 요새가 되어 있다. 따뜻한 온실 속에서 자라난 아이가 세상에 나아가서 차가운 비바람을 견디는 것을 바라보는 부모의 마음은 무너진다. 하지만, 따뜻한 온실 속에서 자라난 아이의 마음에 든든한 자존감의 요새가 자리 잡고 있다는 것을 기억하자. 스스로를 존귀하게 여기는 그 마음은 갑자기 만난 비바람에 잠시 흔들릴지언정, 부러지지 않는다. 다시 일어설 수 있다. 다시 정비해서 꽃을 피워나갈 것이다. 우리 아이들이 그렇게 자라날 것이다.

4장

하브루타 자존감 수업 9가지 비밀

01

있는 모습 그대로를 존중하라

자존감의 가장 1순위는 '존재 자체로서의 소중함'이다. 이 세상 그 무엇과도 바꿀 수 없는 존재 자체로서의 소중함을 발견하는 것이 가장 중요한 첫 단계이다. 코로나 속에서 전 세계가 멈추어 있던 그 시기에 멈추지 않고 자라는 것이 있었다. 바로 나팔꽃과 강낭콩, 고무나무, 들국화였다. 가정에서 키우던 나팔꽃과 고무나무, 학교 숙제로 키우게 된 강낭콩, 그 누구 가꾸는 이 없어도 잘 자라고 있는 들국화에서 '있는 모습 그대로'를 만났다.

고무나무 새 순

친정에서 자라고 있던 고무나무의 가지를 옮겨 심은 화분이 있다. 친정 갈 때마다 무성하게 잎을 보이는 고무나무와 달리 이 고무나무는 참 성장이 느렸다. 게으른 탓에 물주기에 야박했다. 흙이 바싹 말랐을 때만 주었더니 성장이 좀 더딘 것 같았다. 어느 날 엄마가 오셔서 이렇게 말씀하셨다.

"물을 엄청 아껴서 줬네. 빠닥빠닥하게 크네~. 쌀뜨물 좀 주면 좋은데 말이야."

"빠닥하게 큰다."라는 그 사투리의 의미가 무엇인지 확 와닿았다. 식물에게는 햇빛, 물, 흙 이 세 가지만 알맞게 주어도 잘 자라는데 나는 물을 넉넉히 주지 못한 것이다. 그 후로 일주일에 한 번씩 쌀을 씻으면 고무나무에 물을 듬뿍 주었다. 일주일, 이 주일이 지나도 잎은 그대로, 크기도 그대로 아무 변화가 없었다.

"식집사를 잘못 만났구나."

포기할 때쯤, 새순을 매일 보여주기 시작했다. 고무나무 잎은 '처음부터 완전한' 모습을 그대로 갖추고 있었다. 돌돌 말린 잎은 아직 연한 빛이지만, 온전한 잎 모습 그대로였다. 자연이 주는 깨달음은 아이들에게로 옮겨진다. 우리 아이들도 아직은 연약하지만 온전한 모습을 모두 갖추고 있다.

존재 그 자체의 소중함을 곳곳에서 만난다. 내가 할 일은 때에 맞게, 너무 늦지 않게 관심 기울이기다. 그 관심은 적당한 물, 적당한 햇빛, 적당한 흙, 적당한 바람을 안겨준다.

"아이는 그대로 완전체다. 자기만의 스타일을 갖고 있을 뿐이다. 지혜로운 엄마는 자기를 바꾸려 애쓰고, 어리석은 엄마는 아이를 바꾸려 애쓴다." – 『엄마심리수업』(윤우상)

강낭콩의 한 살이

초등학교 4학년 과학 시간에는 강낭콩의 한살이가 나온다. 2개월이라는 짧은 기간에 강낭콩의 떡잎부터 본잎, 줄기, 꽃, 꼬투리까지 모두 관찰할 수 있는 최적의 식물이기에 언제나 식물의 한살이 단원에 등장한다. 코로나로 인해 연년생 두 아이를 키우며 강낭콩 한살이 키우는 기회가 주어졌다. 학교 현장에서 4학년 아이들과 교실에서 키웠던 강낭콩을 우리 아이들과 함께 집에서 키웠다. 딸과 함께 키웠던 강낭콩은 씨앗이 발아하지도 못하고 숨을 거두었다. 씨앗이 불량이었는지, 흙의 배수 상태가 문제였는지 강낭콩은 곰팡이를 보이며 사라졌다. 첫해 강낭콩 한살이의 실패는 딸에게 큰 실망감을 안겨주었다. 이듬해 아들의 강낭콩 한살이가 시작되었다. 코로나 2년 차에 접어들며 강낭콩 한살이 키트는 좀 더 잘 정비되어 있었다. 아들 강낭콩에 '다솜이'라는 이름도 붙여주었다. 하루가 다르게 폭풍 성장하는 강낭콩은 반 친구들과 함께 온라인 패들렛에 기록하며 관찰했다. 친구들의 강낭콩도 구경하며 두 달간의 온라인 관찰일지 작성이 시작되었다. 지난번 실패를 경험 삼아, 이번에는 화분의 배수, 씨앗의 상태, 흙, 비료까지 꼼꼼히 챙겼다.

강낭콩 키우기 두 달의 여정을 마무리하며 기억에 남는 것이 2가지 있었다. 첫째는 흙을 밀어 올리는 작은 씨앗의 용기였고, 둘째는 작은 강낭콩 껍질의 세계를 벗어나서 새로운 세계를 선보이는 강낭콩의 모습이었다. 『데미안』에서 알을 깨고 나오듯이, 강낭콩은 이렇게 작은 껍질 세계를 벗어나서 새싹과 줄기를 올리며 떡잎과 본잎으로 새로운 세계를 준비하고 있었다. 아들에게는 그냥 지나친 이 순간이 나에게는 가장 오래도록 남았다.

'나 역시 이렇게 껍질을 벗고 다시 태어나고 있었나?'

새로운 도약을 위한 '껍질 벗기,' 강낭콩을 통해 배웠다.

난 내 이름이 참 좋아

『난 내 이름이 참 좋아』 동화책을 아이에게 읽어주며 상황이 바뀌지 않더라도 아이의 마음을 헤아리며 기다려주는 엄마의 자리를 만났다. 주인공 Chrysanthemum(국화)은 부모님이 지어준 가장 예쁜 이름이었지만, 학교에서는 불필요하게 길기만 한 이름으로 놀림감이 되었다. 속상한 딸이 집에 와서 이야기하자 동화 속 부모님은 여느 날처럼 딸을 안아주고, 뽀뽀해주고, 주사위 놀이도 같이하며 시간을 보낸다. 부모로서 속상하고 안타까운 마음에 '어린이의 불안, 자기 정체성 이해하기' 책을 읽고 있는 부모의 모습은 참 웃프게 다가왔다. 문제가 해결된 것은 아니지만, 아이의 마음의 짐은 조금 가벼워졌다. 다행스럽게도 트윙클 선생님을 만나서 크리샌써멈은 자기 이름을 좋아하게 된다. 상황이 바뀌지 않더라도 아이의 마음을 헤아릴 수 있는 자리, 아무것도 안 하는 것처럼 보이지만 가장 큰 일을 해내고 있는 자리, 당장 해결되는 것이 없는 것처럼 보이지만 가장 중요한 일을 하고 있는 자리, 엄마의 자리를 만났다.

이 동화책이 소중한 추억으로 안내했다. 가을 단풍을 보고 돌아오는 길에 한참 도로를 달리다가 만난 들국화의 기억이다. 길가에 핀 들국화는 정해진 틀 없이도, 만져주는 이 없이도 그저 흐드러지게 핀 모습 그대로 아름다운 모습이었다. 따스한 봄날에 피는 꽃들이 주던 아름다움과는 다른 차가운 일교차를 견디며 피어난 들국화의 꽃말을 가슴에 새겼다.

'너를 잊지 않으리, 모질게 견뎌주십시오.'

도로의 끝자락에서 만난 화훼단지, 그 앞마당에서 모두 같은 모양으로 가지런히 정리된 국화가 보였다. 그 모습을 보니 도로 위 들국화가 아련하게 다시 생각났다. 우리 아이가 내가 원하는 때에 내가 원하는 모양과 색깔로 아름답게 피어나기를 바랐다. 국화꽃인 아이에게 넌 장미가 되라고, 넌 벚꽃이 되라고, 그래야 멋지다고, 계절의 여왕은 봄이라고, 봄의 시작을 알리는 벚꽃으로 피어나라고, 강요 아닌 강요를 했던 때가 떠올랐다. 엄마의 가장 큰 숙제는 있는 모습 그대로 보아주기였다.

넌 들국화인데

도전(배수경)

그 좋은 계절 다 두고
차가운 바람 견디며
이제서야
네 얼굴 보여주는구나

들국화인 너를 보며
벚꽃을 기다린 나는
실망했지 뭐야

도대체 언제 보여줄 건데?

들국화인 너를 보며
산수유를 기다린 나는
실망했지 뭐야

도대체 언제 보여줄 건데?

들국화인 너를
난
들국화로 보지 못했구나

넌 들국화인데
차가움을 견디고 피어난
들국화인데

02

'남다른' VS '나다움'의 차이를 발견하라

미술 시간 아이들이 색칠을 하고 있다. 따뜻한 색, 차가운 색을 배우고, 비슷한 색끼리 칠하며 따뜻함과 차가움을 표현해보았다. 그중 보라, 분홍, 주황의 빛깔로 물들이는 노을을 색으로 표현해보았다. '저녁노을 표현하기'라는 제목을 붙이고, 어둑한 저녁노을 아래에서 야자수 아래 쉬고 있는 바닷가부터, 놀이터에서 놀고 있는 아이들, 뛰어가는 아이들 등 다양한 그림이 나왔다. 그 속에서 검정, 파랑, 하늘색으로 칠한 하늘이 보인다.

"선생님, ㅇㅇ이는 다른 색깔로 색칠해요."

“○○이는 검정, 파랑, 하늘색으로 하루 중 언제를 표현한 걸까?”

“새벽이요.”

“오, 그렇구나! ○○이처럼 색으로 새벽을 표현할 수도 있어요. 하루의 변화를 색으로 표현해봐요.”

칠판에 커다랗게 썼던 저녁노을을 지우고, ‘시간을 색으로 표현하기’로 바꾸었다. 아직도 나는 아이들의 다양한 생각의 세계를 다 담지 못할 때가 많다. 아이들은 언제나 내가 준비한 수업 이상을 보여준다. 하지만 가끔은 내가 준비한 수업 안에 맞추고자 하는 모습을 보이기도 한다. 선생님의 눈에 좋은 그림을 그리거나, 선생님이 좋아하는 글을 쓰거나 선생님의 기준에 맞추는 아이들을 만난다.

고학년으로 올라갈수록 친구들의 시선을 많이 의식하게 된다. 아이들은 교실 생활을 통해 각 친구들의 특징을 다 파악하고 있다. 미술을 잘하는 친구, 운동을 잘하는 친구, 재미있는 친구, 개구쟁이 친구, 장난꾸러기 친구 등 각 친구의 특성을 이해한다. 서로 다름을 받아들인다. 하지만 고학년으로 올라갈수록 그 다양성은 사라지고 모두 비슷해지기 시작한다. 아이들의 성장 과정에서 모두 같은 모습, 같은 생각을 하도록 자라는 것 같아서 아쉬워진다.

어느 날 문득 아이들에게 남다름을 강요하고 있는 나를 만났다. 창의성이라는 핑계로 남다른 것이 기발하고 좋은 것이라는 무언의 메시지를 보내고 있던 것이다. 그 메시지는 '남다르지 않은 나는 그냥 평범한 사람이구나.'라는 메시지로 전달되기도 한다. 끊임없는 비교의 순간을 교실에서 경험한다. 미술작품을 게시판에 걸어놓는 것조차 용납이 되지 않는 친구가 있었다.

"제 작품은 게시판에 걸기 싫어요."

스스로 친구들과 작품을 비교해보았을 때 부족해 보이는 작품 전시가 싫었던 것이다. 잘하고 싶은 아이의 마음과 잘 표현되지 않는 작품, 그 사이의 거리를 아이는 이렇게 표현한다.

"이 작품은 언제 집에 가져가요?"

집에 가져가서 엄마에게 자랑하고 싶은 아이도 있다. 교실에서는 다양한 색깔의 아이들이 모여 있고, 그 아이들이 표현하는 색은 저마다 다르다. 미술이 그렇게 싫었던 아이는 체육 시간에 생기를 되찾는다. 한없이 움츠러들었던 그 아이는 체육 시간에는 생기발랄한 모습이 된다. 수학 시간에 척척박사였던 친구는 사회시간에는 조용해진다. 음악 시간에, 과학 시간에 각 수업 시간마다 활기찬 아이들의 모습이 달라진다.

모든 과목을 우수하게 완수하는 친구부터 한 영역에서 두각을 보이는 친구까지 다양함이 살아있는 교실이다. 담임제로 이루어지는 초등교실의 장점은 바로 이렇게 하루 중 아이들의 다양한 모습을 살필 수 있다는 점이다. 늘 의기소침한 아이의 모습을 보아온 부모님은 걱정스러운 마음으로 상담을 신청하신다. 하지만, 교실 속 그 친구의 다양한 모습을 말씀드리면 이내 안심하신다. 작년에 친구가 없어서 고민이었다는 학생은 올해는 완전히 새로운 모습으로 학교생활에 적응하고 있기에 안도하신다.

초등학교 교실은 이렇다. 6년이라는 초등 시절 동안 아이들은 폭풍 같은 성장이 이루어진다. 갓 유치원을 졸업해서 어리둥절한 1학년 입학생부터 학교생활에 적응을 마치고 생기발랄한 모습을 보이는 중학년, 이제 곧 중학생이 되어야 한다는 부담감과 초등에서 최고학년이 되었다는 책임감도 같이 가지게 되는 6학년까지 다양한 급간의 학생이 함께 성장하는 곳이다.

3학년 담임 시절, 하루에 한 번은 꼭 눈물을 보였던 친구가 있었다. 게임에서 져서, 억울한 상황을 말로 표현하지 못해서, 속상한 순간이어서 등등 아직 성장기이기에 감정 표현에 서툰 친구가 있었다. 그 학생이 6학년이 되어서 복도에서 만났다.

"선생님 안녕하세요."

"오, 잘 지내고 있어? 키가 엄청 많이 컸구나."

"네! 저 많이 컸죠? 이제 3학년 때처럼 안 울어요."

웃으며 건네는 그 학생의 한마디로 내 생각은 자녀를 향한 시선으로 옮겨졌다. 하루하루 변화 없어 보이는 자녀의 모습에 좌절하고 있는가? 여전히 미성숙한 모습에 조금이라도 더 가르쳐야만 할 것 같은 순간이 오는가? 아이의 변화가 보이지 않아서 속상한가? 아이들은 성장하고 있다는 것을 분명히 기억해야 한다. 남다른 모습을 찾기 위해 때로는 거칠게, 때로는 장난꾸러기로, 때로는 바른 모습으로 '남다름'을 표현하며 시행착오를 겪고 있다. 초등학교 시기가 마무리 되어갈 즈음, 아이들은 '나다움'을 찾아서 자기만의 색을 나타내기 시작한다.

그리고 다양한 친구 관계, 학습 능력의 차이, 스스로의 한계를 경험해가면서 "내가 잘할 수 있는 것이 뭐지?"를 탐색해나간다.

시작도 하기 전에 하지 않겠다고 으름장을 놓는 친구들은 대부분 잘하고 싶은 마음이 정말 큰 친구이다. 아직 표현 방법이 미성숙해서 시작도 하기 전에 포기하는 친구들도 있다.

"잘하고 싶어요. 근데 잘 안 된단 말이에요."

항상 잘해야 한다는 부담감은 교실 속 친구들 사이에서 아이들이 매일 느끼고 있는 감정이다. 잘하고 싶지만, 잘 안 되는 상황은 아이가 시도조차 하지 않게 만든다.

모든 것을 다 잘할 필요가 없다고 이야기하고 싶다. 초등에서는 정말 많은 활동을 한다. 그리기, 만들기, 셈하기, 줄넘기, 글쓰기, 악기 연주, 가창 등 이 많은 활동을 모두 잘하기를 바라는 부모님께 그 모든 것을 잘하는 엄친아는 이 세상에 존재하지 않는다고 말씀드리고 싶다. 물론 TV 속에는 그런 아이들이 늘 존재한다. 엄마 친구 아들 중에 꼭 그런 아이가 존재한다. 하지만 그저 남의 집 아이일 뿐이다. 우리 아이가 모든 것을 다 잘해야 한다는 부담감은 오히려 아이에게 시도조차 하지 않는 좌절감만 안겨줄 뿐이다.

"비교하지 말고, 서두르지 말고, 포기하지 말자."

스즈키 바이올린의 교육철학이다. 악기를 다루는 과정에서 다른 아이와 비교하고 빨리 연주를 완성하고 싶은 그 마음, 포기하고 싶은 그 마음을 다독이는 문구 중의 하나이다. 비단 바이올린 연주뿐만이 아니라, 부모 된 우리가 자녀를 바라보는 시선에도 적용되는 명언이기도 하다.

우리 아이를 옆집 아이와 비교하지 말고, 변화가 없다고 서두르지 말고, 아이를 향한 그 믿음을 포기하지 말아야 한다. 이 과정을 통해서 아이는 '나다움'을 찾아 나가게 된다.

03

지나온 길을 보는 눈을 길러라

'괜찮아'의 힘은 실로 놀랍다. 좌절된 순간에 괜찮다고 말할 수 있는 힘은 지나온 과정을 돌아보는 눈이 있을 때 가능한 것이기 때문이다. 목표를 향해 달려나가다 보면 넘어지는 순간이 찾아온다. 모두 잘하고 싶지만 잘 안 되는 순간이 찾아오기 마련이다. 아무런 성과도 없이 무너지는 것 같은 그때에 성과를 바라보는 것이 아니라, 나의 지나온 발자취를 바라보며 다독이면 다시 일어설 수 있다.

"괜찮아, 지금부터 하면 돼."

"괜찮아, 다시 하면 돼."

“괜찮아, 할 수 있는 만큼 하면 돼.”

이 세 문장은 독수리학교 단혜향 교장 선생님의 강연을 통해 들었던 말이다. 꾹꾹 눌러쓴 강의 노트의 이 문장은 가슴에 새겨진 문장이기도 하다.

하루는 피아노 학원을 다녀온 아들이 현관 앞에 들어서자마자 울상이 되어 금방이라도 눈물을 보일 것 같았다.

“무슨 일 있었어?”

“피아노가 너무 어려워.”

멋지게 피아노 연주하던 친구를 떠올리며 피아노를 배우기 시작했지만, 피아노를 배운다는 것은 정말 어려운 일이다. 타고난 소질이 있지않는 이상, 무수한 노력의 시간을 거쳐야만 완성되는 피아노 연주임을 알기에 아무 말 없이 안아주었다.

“그래, 잘 안 되지. 피아노가 정말 어려워. 엄마도 정말 어렵더라. 괜찮아, 할 수 있는 만큼 하면 돼.”

무엇인가를 능숙하기 위해서는 험난한 연습의 과정이 필요하다. 그 연습의 과정을 지나온 사람만이 과정을 보는 눈을 가지고 있다. 쉬운 길, 빠른 길은 없다.

언제 그랬냐는 듯이, 울음을 그치고 다시 새로운 일을 시작하는 아들을 보며 마음이 놓였다. 스스로 시작한 피아노이기에 어려웠지만 포기하지 않고 끝까지 하는 모습에 대견했다.

"우리 처음에 〈나비야〉 양손 연주할 때, 정말 어려웠었잖아. 기억나?"

"맞아, 〈나비야〉가 정말 어려웠었지. 나비야 다시 연주해볼까?"

"그래. 다시 해보자."

피아노의 좌절을 맛보던 그 시간을 이겨낼 수 있었던 것은 영화 〈이상한 나라의 수학자〉 덕분이었다. 가족 영화로 제격인 이 영화는 수학을 즐기는 수학자의 모습이 그려진다. 영화 속에서 원주율 "3.142925…"을 피아노로 연주하는 장면이 나왔다.

"엄마, 우리도 파이송 연주해볼까?"

그 장면이 흥미로웠는지 파이송 악보를 찾아서 피아노 연습이 시작되었다. 한마디 한마디 어려운 고개를 넘어가며 아들은 멜로디를, 엄마는 반주를 함께 연주하던 순간에는 영화 속 감동이 함께 밀려왔다.

"영화에서 수학이랑 친해지려고 피아노도 치고 어려운 문제를 계속 고민했었지."

"그 대사가 뭐였더라?"

"친해지려고 그러는 거야. 기냥 공식 한 줄을 달랑 외워서 풀어버리면은 절대 친해질 수가 없는 거야. 살을 부대끼면서 친해져야 이해가 되고 이해를 하면은 사랑할 수 있는 거야."

"응. 맞아. 친해지려고 그러는 거."

포기하고 싶은 순간, 잘 안되는 순간 다시 해볼 수 있는 용기는 어디서 나올까? 첫째는 공감하는 마음, 둘째는 초보 시절로의 여행, 셋째는 내적 동기인 것 같다. 한번 해보자는 마음이 아들에게도 잘 흘러가기를 바란다. 지나온 길을 보는 눈을 가지고 다시 용기 내보기를 소망한다.

"하브루타를 하며 가정에서 실천할만한 것이 뭐가 있을까요?"라고 누군가 묻는다면 이렇게 대답할 것이다.

"하루에 10분이라도 자녀 이야기에 귀 기울여보세요. 매주 한 번씩은 온 가족이 함께 저녁을 먹으면서 이야기 나누세요."

발견했는가? 결코 어려운 것이 아니라는 사실을.

여기서 가장 중요한 것은 그 쉬운 일을 꾸준히 이어가는 것이다. 아이가 어떤 이야기를 하든 귀 기울이며 의미를 부여해주는 것이다. 그것이 아이의 메타인지를, 엄마의 메타인지를 높이는 방법이다. 내 이야기가 충분히 들리는 순간, 그 경청의 순간에 아이는 자란다.

04

·
·
·

분명한 경계를 세우라

아이의 자존감을 높이기 위한다는 핑계로 아이의 의견을 무조건 수용하는 것은 올바른 훈육이라고 할 수 없다. 아닌 것은 아니라고 분명히 경계를 그어주는 것이 필요하다. 엄마의 자리에서 가장 힘들었던 순간은 경계를 세우는 훈육의 시간이었다. 훈육이란 수치심을 느끼지 않는 범위 내에서 아이가 이해할 수 있도록 구역을 정해주는 것이다.

중요한 대화를 나누는 중에 아이가 버럭 문을 열고 들어온 순간을 떠올려보자.

"엄마, 핸드폰."

"지금 이야기 나누고 있는 거 안 보여? 문을 벌컥 열면 어떻게 해?"

경계 세우기에 실패하는 순간이다. 하지만, 실패라고 할 것이 없다. 이런 순간은 다른 모습으로 다시 찾아오기 마련이다. 이번에 버럭 화를 냈다면 다음에는 좀 더 차분히 경계를 세우면 되는 일이다. 대화중에 벌컥 문을 열어 용건만 말하는 것을 보면 화나는 순간이지만, 아이가 수치심을 느끼지 않는 범위 내에서 아이가 이해할 수 있도록 구역을 정해주는 것이 훈육임을 기억하면 좀 더 차분해진다.

"○○아, 다음부터는 노크 부탁해."

이렇게 이야기하는 것만으로도 경계 세우는 것이 가능하다. 다만 명심할 것은 한 번에 바뀌지 않는다는 사실이다. 아이는 서서히 변화하는 중이다. 내가 할 일은 버럭 하지 말고 여러 번 물을 주는 것을 반복하면 된다. 흙이 마른 화분을 지켜보았다가 한 번씩 듬뿍 물을 주면 어느 순간 새잎이 돋고 꽃을 보여주듯 아이들은 그렇게 자라는 중이다.

아이들이 자라면서 언어생활에 대한 경계가 모호해지는 때가 온다. 요즘 유튜브로 인해 언어의 경계가 더 많이 무너졌다. 아이들은 인기 유튜버의 말을 의미도 모르고 무작정 따라 한다. 거친 말을 거침없이 사용하는 아이에게 어떻게 하면 언어의 경계를 세울 수 있을지 고민하다가 도서관에서 이 책을 고르게 되었다. 바로 광양 백운고 학생들이 2018년에 함께 만든 『급식체 사전』이었다.

'ㅇㄱㄹㅇ.'

'ㄹㅇㅍㅌ ㅂㅂㅂㄱ.'

혹시 이 초성만 보고 어떤 말인지 알고 있는가?『급식체 사전』을 펼치며 아이들에게 보여주니 바로 대답이 나온다.

"이거 레알, 레알 팩트 반박 불가."

믿기 힘든 사실이지만 믿어야 하는 경우 쓰는 말이다. 아이들은 급식체 사전의 글들도 이미 유행이 지난 말들이 많다며 첨언을 해주었다. 하루가 다르게 변하는 아이들의 유행어를 접하며 시대에 한참 뒤처진 나를 만났다. 급식체 사전을 보여주며 아이들과의 거리를 좁혔다면,『우리말 어감 사전』으로 다가가보기로 했다. 스스로 정의할 수 있는 것이 나의 단어가 된다. 단어의 미묘한 의미와 그 차이를 설명해보는 시간을 가졌다.

"기억과 추억은 어떻게 구분하지?"

"기억은 있는 그대로를 말하는 것이고, 추억은 행복한 것을 말하지."

"아, ㅇㅇ이에게 추억은 행복한 기억이구나."

아이들만의 논리로 아이들만의 단어의 의미를 설명하는 시간을 가졌다. 미묘한 단어의 차이를 이야기하며 자연스레 언어의 중요성을 이야기했다.

한 번의 대화로 아이들이 변화되지 않는다. 나 역시 한 번의 결심으로 변화되지 않는 것처럼 말이다. 하지만 분명한 경계는 세우기로 했다. 아닌 것은 아니라고 이야기해야 한다. 다만 아이의 수치심은 건드리지 않는 선에서 아이들의 관심사로 알기 쉽게 이야기를 나누어야 한다는 전제 조건을 기억하면서 말이다.

1장에서 미리 언급했던 우리 집만의 미디어 시간을 정할 때도 수치심은 줄이면서 경계를 세우는 지혜가 필요하다. 각 가정의 가치관에 따라 휴대폰이나 TV가 없는 가정도 많다. 하지만, 요즘은 언제 어디서나 휴대폰 사용이 보편화되어 있다. 같은 공간에 앉아서 각자 휴대폰을 바라보다가 식사 시간이 끝나는 상황도 많이 연출되고 있다. 카페에서도 대화에 집중하기보다 휴대폰 연락을 확인하는 모습을 자주 보게 된다. 같은 공간에 앉아 있지만, 미디어 세계로의 연결 역시 동시에 이루어지고 있는 셈이다. 이때 중요한 경계 세우기는 친구들과의 연락은 존중해주되, 우리 집만의 미디어 시간의 소중함도 함께 언급하는 것이다.

휴대폰 및 게임의 적정한 시간이 어느 정도인지 아이들과 이야기를 나누는 시간이 필요하다. 그리고 부모님의 시간과 아이들의 시간이 얼마나 차이가 나는지 서로의 생각을 들어보는 것이 중요하다. 무턱대고 사용하지 말라고 이야기하는 것은 아이들에게도 부모님에게도 대화의 벽을 만드는 것일 뿐이다. 아이가 휴대폰으로 가장 많은 시간을 할애하는 것이 무엇인지, 컴퓨터로 흥미를 가지고 찾아보는 것이 무엇인지 먼저 관심을 가져야 한다. 그 후에 아이와 미디어 사용 시간에 대해 이야기를 나누어야 자연스러운 대화가 이어질 수 있음을 꼭 명심하자.

05

말하기보다 반응하라

반영, 반영, 또 반영

활동 1. 부분을 그려주고 전체 완성하기

활동 2. 잡지, 광고지 속 이야기 만들기

활동 3. 사진(프리즘 카드) 보고 이야기 나누기

활동 4. 미술작품 이야기 나누기

아이와 이야기를 나눌 수 있는 활동 중에 부분을 그리고 전체 완성하기가 있다. 그림을 그리기 어려워하는 남자아이들에게 좋은 활동이다.

그림을 그리기 어렵다면 사진의 한 장면을 이어 그리는 것도 좋은 방법이다. 광고지 속 과일, 음식을 오려서 빈 종이에 붙이며 이야기를 만들어 갈 수 있다. 이 과정에서 가장 중요한 것은 활동의 시작부터 마무리까지 아이가 주도할 수 있도록 유도하는 것이다. 큰 테두리와 활동할 환경은 제공해주되, 그 활동의 주인공은 아이임을 기억하자. 그리고 아이가 사과를 오려 붙였다면, 이렇게 말하자.

"사과를 붙이고 있네."

"동그라미를 그렸구나."

아이의 시선을 따라 아이의 행동에 대해서 그대로 반영해주는 것이다. 그리고 아이의 이야기를 듣는 것이다. 처음에는 어색하게 느낄지 모르지만, 시간이 지날수록 아이들은 활동에 집중하게 된다. 아이들이 말이 많아졌다는 것은 아이들 속 잠재된 생각 주머니가 깨어난 것이다. 가끔씩 아들은 엄마에게도 숙제를 내준다.

"그럼 이곳은 엄마가 이야기 만들기."

우리는 누구나 자기만의 이야기를 들려주고 싶어 한다. 자기만의 이야기 주머니를 가지고 있다. 아이들에게는 그 이야기 주머니가 무궁무진하다. 툭 건드려주기만 하면, 아이는 자기의 이야기보따리를 풀어낸다. 우리가 할 수 있는 것은 들을 준비, 듣고자 하는 마음의 자세이다. 친구를 만나서 이야기를 나눌 때 2시간이 1분처럼 지나가는 경험을 한다. 나를 바라보는 친구의 눈빛에 집중하는 모습에 신이 나서 이야기하는 경험을 우리는 모두 한 번씩은 해보았다. 그 신나는 경험을 우리 아이에게 매일 전해줄 수 있다면 아이의 자존감은 쑥쑥 올라갈 것이다. 가정에서 신나게 이야기하는 아이는 밖에서도 신나게 이야기할 수 있다.

경청, 작은 성공 경험(말하기 독서록)

아들의 온책읽기 도서 『악플 전쟁』을 함께 읽고 독서록을 쓰는 날이었다. 운동과 게임을 더 좋아하는 초등학생인 아들은 독서록 쓰기를 참 싫어한다. 하브루타로 다져진 엄마의 비법은 일단 엄마가 먼저 메모지를 꺼내서 아들 말을 받아 적기 시작한다. 경청의 자세는 아들과의 대화에서 가장 중요한 모습이다. '엄마는 너의 이야기를 들을 준비가 되어 있어.'라는 표현이 메모하는 모습이다. 메모를 하고 독서록 내용을 정리하다 보면 아들은 놀란다.

"내가 이런 말을 했다고?"

말로 유창하게 표현할 수 있지만, 아직 글로 표현하는 것이 서툰 초등 3, 4학년 학생에게는 말하기 독서를 추천한다.

"오, 이렇게 긴 책을 읽은 거야? 긴 시간 집중력이 좋았네."

칭찬으로 분위기를 전환하며 간단한 줄거리를 듣는다.

"엄마는 아직 중간까지밖에 못 읽었는데, 주인공이 누구야?"

주인공과 간단한 줄거리를 이야기하는 아들의 이야기를 생각 그물로 메모하며 듣는다. 중간 중간 눈 맞춤과 리액션은 필수이다. 이야기를 듣다 보니 정말 이야기가 재미있다. 그리고 아들의 이야기를 메모하다 보면 아들만의 중심 키워드를 발견하게 된다. 이 책에서 아들은 '용기'를 발견했다.

"용기를 발견했구나. 민주의 어떤 모습이 용기 있다고 생각했어?"

이 질문에 다시 줄거리부터 시작되기도 하고, 민주의 용기가 담긴 장면을 펼쳐서 보여주기도 한다. 정답이 없는 아이의 생각을 듣는 시간이다. 무슨 말을 하든 충고, 조언, 평가, 판단을 버리고 아이의 말을 다시 반복하며 듣는 것이 중요하다.

"아, 그랬구나. 민주가 그런 용기를 냈구나."

이 경청의 경험을 한 아이는 독서록에 빠져든다. 책 속의 명대사도 찾아보며, 스스로 독서록에 명대사를 필사하며 한바닥을 채워나간다. 예전의 나 같으면 이렇게 말했을 것이다.

"줄거리는 간단히 쓰는 거야. 줄거리는 짧게, 느낀 점을 더 많이 쓰는 거야."

독서록 쓰는 요령만 강조했다. 하지만, 이제 아이를 바라보는 여유가 생겼다. 줄거리는 간단히, 느낀 점은 많이 쓰라는 요령보다 더 중요한 것은 지금 이 순간 아이가 책 내용에 집중했고, 책 내용 중에 재미있었던 부분을 독서록에 글로 남기고 싶은 순간이다. 한바닥을 채워나가면서 아이는 성취감을 느낀다.

"옹고집전 이후로 가장 많이 썼어."

"이렇게 한바닥을 다 채울 만큼 이 책이 재미있었구나. 하고 싶은 이야기가 많았구나."

책의 줄거리보다, 느낀점 한 줄이 더 중요하다는 엄마의 기준을 버린다. 아이는 오늘 빈 종이를 채워나가는 성취감을 맛보는 순간이기 때문이다. 글쓰기가 싫어진 어느 날, 이 독서록을 펼쳤을 때 아이는 그날의 기분을 기억할 것이다.

'내가 이렇게 한 바닥을 다 채울 만큼 집중했구나. 이 책은 재미있었어. 빈 종이가 가득 채워졌어.'

그날 밤, 잠자리에 들기 전에 아이가 마인크래프트 책과 우주 책을 가지고 왔다. 도서관에서 스스로 빌린 책이었다. 우주 책을 펼치며 벨라트릭스와 시리우스 별자리를 발견했다. 그 이름은 해리포터 등장인물과 같다며 신기한 목소리와 표정으로 말을 이어갔다.

"아, 벨라트릭스가 별자리였구나. 해리포터 작가가 이 책에서 이름을 지었나 봐."

아이 생각의 연결은 무궁무진하다. 무수히 많은 생각의 연결고리를 유튜브 검색으로 이어나가고 있는 것이 안타까웠는데 책에서 영화를 연결하는 모습에서 흐뭇했다. 이런 연결은 부모가 할 수 있는 것이 아니다. 아이 스스로 하는 것이다. 부모는 이야기 환경을 만들 뿐이다.

부모가 할 수 있는 것은 작은 성공 경험, 경청의 순간을 더 많이 남겨주는 것이다. 작은 성공 경험은 대회에 나가서 1등 하는 것만이 아니다. 잠자리 들기 전 아이의 이야기에 반응하기, 게임 캐릭터 설명하는 것에 반응하기, 하루 일과를 이야기하는 것에 경청하기, 아이 입에서 나오는 모든 이야기에 귀 기울이는 그 순간이 작은 성공 경험이 쌓이는 순간이다.

나의 이야기를 귀담아 들어주는 순간, 우리 모두 신이 나는 순간이 아닌가? 아이에게 그 작은 성공 경험을 매일 쌓아주자.

06

•
•
•

가르치고자 하는 것을 아이가 스스로 말하게 하라

내복 안 같아

네 살 즈음, 워킹맘으로 분주한 아침 시간에 정신없이 준비를 마치고 운전대를 잡았는데 아이들이 갑자기 웃기 시작했다.

"하하하, ㅇㅇ이 내복 입고 나왔어."

"아, 괜찮아. 내복 안 같아."

쿨한 아들은 괜찮다고 웃으며 상황을 넘겼지만, 엄마는 내심 마음이 불편했다. 아이 옷도 제대로 입혀서 등원시키지 않는 엄마임이 들킨 것 같아서 부끄러웠던 순간이다. 하지만 아이들은 재미있게 웃으며 그렇게 내복 차림으로 등원을 했다. 그 후로 아이들은 현관 앞에서 스스로 점검 놀이를 했다.

"○○이 바지 입은 거 맞지?"

빈틈 엄마가 만든 아이들의 작은 습관이다.

잠옷 챙겨야지

"내 잠옷은?"

추석 연휴 기간에 양가 어른을 뵙고 오는 긴 여정이 시작된다. 여행 짐을 꾸리듯 가방을 챙겼다. 이제 10대가 되어가는 아이들의 짐을 일일이 챙기는 것을 멈추어보자 싶어서 필요한 물건을 스스로 챙기게 했다.

"자, 여기 가방에 자기 물건 챙기기."

야무진 딸은 잠옷, 휴대폰 충전기, 칫솔 등 필요한 것을 잘 챙겼지만, 자유로운 영혼의 아들은 잠옷을 챙기지 않았다.

"그러니까 자기 물건을 잘 챙겼어야지. 짐 챙길 때 얘기한 것 못 들었어?"

아이들 잠옷도 제대로 챙기지 않는 불성실한 엄마임이 들킨 것 같아서 미안한 마음이 들었다. 미안한 마음과 달리 아들에게 핀잔을 주는 말이 나왔다. 아들은 할머니 바지 중에서 가장 작은 바지를 입고 잠이 들었다. 조금은 불편한 밤을 보낸 후, 다음 여정에서는 잠옷을 잘 챙기게 되었다.

"엄마, 잠옷 챙겨야지. 여기!"

불편함은 스스로 필요를 발견하게 했다.

우산이 날아간다고

도서관에 가는 것을 힘들어하는 아이가 있다. 바로 우리 집 이야기이다. 밖에서 축구를 하며 3시간을 보낼지언정, 도서관에서 10분 앉아 있는 것이 정말 힘든 시간이라고 한다. 그래도 독서의 유익을 알기에 가끔씩 도서관 나들이를 한다. 도서관에 가면 딸은 만화 코너에, 아들은 검색 코너에 앉아 있다. 도서관에 함께 온 것만으로 만족하자는 소박한 마음으로 엄마는 엄마 독서에 빠진다. 아들은 검색 코너에서 재미있는 책을 발견했는지 만화 속담 책을 보며 한참을 집중하는 모습을 보였다.

"뭐가 그렇게 재미있어?"

"여기에 이런 속담이 있어. '부모님 말을 들으면 자다가도 떡이 생긴다.'"

속담의 의미를 알고 이야기하는 줄 알고 기특해했더니, 책 속 번개 맞은 사람과 우산이 날아가는 우스꽝스러운 모습의 만화를 보고 재미있어 한 것이다. 이유야 어떻든 스스로 찾아본 책이 속담 책이라는 것에 감사하며 도서관 나들이를 마무리했다.

며칠 후, 아침 등굣길 잔뜩 흐려진 하늘을 보며 일기예보를 확인하니 비가 올 예정이라고 한다.

"오늘 비 온대, 우산 챙기자."

"지금은 안 오잖아. 그냥 갈래. 아니다. 가져갈게."

역시 일기 예보에 맞게 비가 왔다. 하교하며 아들이 한 첫 말이 이러했다.

"이 말이 맞았어. 부모님 말을 들으면 자다가도 떡이 생긴다."

아들의 머릿속에서 번개 맞은 사람과 부러진 우산의 모습을 떠올리며 오늘의 자기 모습과 속담 책 그림의 한 장면을 떠올렸다. 억지로 함께한 도서관 나들이였지만, 그곳에서 읽은 우스꽝스러운 만화의 한 장면이 이 속담을 기억하게 만들었다. 사자성어, 유명한 베스트셀러를 권해주었다면 이렇게 생활 속에서 바로 적용할 수 있었을까? 내가 만들어주는 커리큘럼 안으로 아이를 들어오게 하려 했던 그동안의 시간에서 자유로워지는 순간이었다. 스스로 해본 것만이 남는다.

중성세제 있나?

언제나 운동화를 구겨 신는 아들을 보며 늘 잔소리를 입에 달고 살았다.

"운동화 바르게 신어라. 음식을 먹은 후 입 주변을 잘 닦아라. 실내화 주머니 끌고 다니지 마라."

늘 잔소리로 멈추고 마는 이 말이 살아 움직이는 순간을 만났다. 바로 축구할 때였다. 늘 구겨 신던 운동화를 바르게 고쳐 신고 축구장에 들어간다. 평소에는 손 씻기, 입 닦기 잔소리에도 꿈쩍하지 않던 아들이 축구화와 골키퍼 글러브를 신발장 가장 좋은 자리에 모셔둔다.

"우리 집에 중성세제가 있나?"

"어? 중성세제는 왜?"

글러브의 그립감을 손상시키지 않으려면 중성세제로 손빨래를 해야 한다며 스스로 글러브를 세척하는 아들을 보며 큰 깨달음을 얻었다.

'필요하면 하는구나. 때가 되면 하는구나.'

늘 아들의 부족함을 바라보며 전전긍긍 잔소리 파티를 하던 내 모습을 반성하게 된 순간이다. 엄마의 간섭이 없는 축구의 영역에서 아들은 스스로 '주도성'을 갖는다. 엄마의 잔소리가 없어도 스스로의 필요를 따라 행동한다.

가르치고자 하는 것이 아이의 입에서 나오게 하려면 어떻게 해야 할까? 한발 뒤에서 아이를 바라볼 수 있어야 한다. 그동안 나는 아이의 앞길을 내가 미리 쓸어주며, 깨끗하고 평탄한 길을 가도록 안내하는 것이 좋은 엄마의 자리라고 생각했다. 여느 엄마들처럼 척척 알아서 챙겨주지 못해서 늘 미안한 엄마이기도 했다. 하지만 되돌아보니, 나의 빈틈의 순간에 아이가 자라고 있었다. 아무리 좋은 것을 권해도 읽지 않던 아이가 스스로 흥미와 필요에 맞는 것을 만났을 때, 새로운 것을 발견한다. 내가 가르치고 해결해주고자 하는 것을 멈추는 순간, 아이가 자라고 아이가 해결해나갈 수 있다. 아이의 자기 효능감이 자랄 수 있다.

오히려 잘됐네~!

오랜만에 친구와 만나고 돌아오는 길이었다. 늦은 귀가 시간으로 아이들 식사를 챙기지 못해서 종종걸음으로 달려왔다. 급하게 마음먹었더니 오히려 더 늦어지게 되었다. 처음에는 버스 방향을 반대로 타더니 결국 눈앞에서 정류장을 지나치게 되었다. 실수를 연발하는 모습에 화가 나기도 하고 늦은 귀가에 미안한 마음으로 전화를 걸었다.

"아들, 미안해. 엄마가 버스를 잘못 내려서 걸어가는 중이야. 좀 더 늦을 것 같아."

"아, 그래? 근데 엄마 만 보 걷기 하고 있잖아. 오히려 잘됐네. 걸어오면 오늘 만 보 채우는 거지?"

"아! 그… 그래. 우리 아들 덕에 만 보 걷겠네. 고마워."

잠자리 대화에서 오늘 아들의 긍정적인 반응에 감사함을 표했다.

"아들, 고마워. 오늘 엄마는 많이 늦어져서 마음이 급했는데 아들이 그렇게 말해줘서 고마웠어."

"그랬어? 다행이네."

"아들이 당황스러운 상황에 있을 때 엄마도 좀 긍정적으로 이야기해줘야겠다고 생각했어."

"음… 그럼 우리 한번 연습해볼까?"

"어? 그래. 어떤 상황을 연습해볼까?"

"음… 만약 내가 수학이 어려워서 책상을 책으로 치고 있어. 그럴 때 어떻게 할 거야?"

"헉, 그래. 수학이 어려울 수 있지. 근데 그래도 책상을 치는 건 아니야."

나는 또 알려주었다. 아닌 건 아니라고 경계를 세워주어야 했다. 하지만 한 번 더 아들에게 물었다.

"아들은 어떻게 해주기를 바랐어?"

"'도와줄게'라고 말하기를 바랐어."

아들의 이 말에 나는 잠시 말을 잃었다. 때로는 거칠게 표현된 아들의 행동에만 집중할 때가 있다. 교실에서도 마찬가지다. 하지만 그 마음속에는 도움을 요청하는 메시지가 있었다니 물어보지 않았다면 듣지 못했을 아들의 속마음이다.

공감이 먼저야

딸이 중학 수학이 어려운가보다. 생각처럼 쉽게 풀리지 않는 수학 문제 앞에서 한없이 작아진 딸이 힘들어한다. 힘들어하는 딸에게 위로의 말을 건넨다.

"많이 어렵지? 괜찮아. 너만 어려운 거 아냐. 중학 수학으로 들어가면서 모두 어려워한대. 지금 시작한 것도 늦지 않았어. 지금부터 하면 돼."

예전 같으면 뭐가 어렵다고 그러느냐 더 열심히 공부를 해보라며 핀잔을 주었을 것이다. 요즘 인터넷 강의가 얼마나 잘되어 있는데 인터넷 강의를 들으며 공부하라고 잔소리를 시작했을 것이다. 모르는 문제가 있으면 어떻게 풀어야 하는지 물어보지 않고 왜 혼자 끙끙 앓고 있냐며 일장 연설을 했을 것이다. 하지만, 공감의 힘을 알기에 사실을 전달하기보다 마음을 먼저 보려고 애쓴다.

"엄마, 난 위로 받고 싶은 게 아니야. 방법을 알고 싶어. 어제 수학 채점하면서 충격받았어."

공감을 먼저 하니 방법을 스스로 이야기하고 있었다. 내가 먼저 방법을 이야기했다면 마음을 닫았을지 모르는 사춘기 딸을 보며 공감이 먼저임을 다시금 되뇐다. 공감은 마음의 심폐소생술이다.

07

•
•
•

변치 않는 일상의 엄마를 기억하라

"다음은 ㅇㅇ이가 완성해보면 어떨까?"

매일 밤 책을 읽어주며 이야기가 궁금해지는 가장 극적인 순간에 책을 덮고 이렇게 물었던 이는 다름 아닌 괴테 어머니였다. 짧은 문장 속에서 만난 괴테 어머니의 교육법을 들으니 거장 괴테는 어머니의 잠자리 육아를 통해서 만들어졌다는 생각이 든다. 나 역시 매일 밤 아이들에게 책을 읽어주고 있지만, 나와 괴테 어머니의 가장 큰 차이점은 무엇이었을까?

아이를 괴테처럼 키우고 싶어서, 그의 어머니가 그랬던 것처럼 아이에게 동화책을 읽어주며 "이다음은 네가 완성해볼래?"라고 묻는 것은 마음만 먹으면 누구나 할 수 있다.

하지만 돌아오는 대답이 "응? 갑자기? 뒷이야기 궁금해요. 그냥 읽어주세요."라고 했다면 괴테 어머니와 현실 엄마의 차이점은 무엇일까?

어느 날 엄마가 아주 좋은 강의를 듣고 와서 마음을 먹었다.

'그래. 오늘 우리 아이에게 좋은 책을 읽어주고, 뒷이야기를 만들어보라고 실천해보자.'

평소에는 일찍 자라고 성화를 부리던 엄마가 갑자기 동화책의 뒷이야기를 만들어보라고 한다면 아이 편에서는 엄마가 낯설기만 할 것이다.

'엄마가 좋은 강연을 들으셨나 봐.'

고학년 즈음 되면, 엄마의 패턴을 알고 있는 아이들이 오히려 되물을지도 모른다.

"이번에는 며칠 갈까요?"

농담처럼 이야기했지만, 나와 괴테 어머니의 가장 큰 차이점은 바로 삶의 모습이었다.

어린 괴테와 그의 어머니를 『아이를 위한 하루 한 줄 인문학』에서 만났다. 그는 즐겁게 사색하며 창조하는 일상을 보냈다. 괴테는 이 사색의 시간을 매우 즐겼다는 사실이다. 더욱 놀라운 사실은 글을 대하듯 요리를 대하고 요리를 대하듯 글을 대하는 삶의 자세가 괴테와 그의 어머니의 삶에서 공통적으로 나타난다는 것이다. 그는 글의 영감을 다루듯 음식의 기본 식재료를 소중하게 다뤘다. 괴테 어머니는 독일 프랑크푸르트를 대표하는 소스를 발명한 분이기도 하다. 7가지 허브로 만든 200년 역사의 건강식 그린 소스로 유명한 '그뤼네 조제'가 바로 그것이다. 괴테와 그의 어머니가 모두 요리를 좋아했고, 집에서 텃밭을 가꾸며 먹을 음식을 직접 기르고 재배했다는 사실에서 음식을 향한 진심이 느껴졌다.

이 사실을 알게 된 후로, 음식을 대하는 나의 자세에 대해 새롭게 바라보게 되었다. 나에게 식사 시간은 의무에 가까운 시간이었다. 아이들을 먹이기 위해 먹는 시간이었다. 나부터 식사 시간의 즐거움을 발견하지 못하니 아이들은 어떠했을까? 영양가를 고려하며 식감과 음식의 맛을 음미할 수 있는 탐색의 시간이 되지 못했음은 당연했다.

괴테는 또한 자신이 고안한 특별한 방법으로 읽고 쓰며 창의력을 발산했다. 집필에 무려 60년을 투자한 『파우스트』를 완성할 당시 그는 앉아서 작품을 쓰지 않았다고 한다. 괴테는 내용에 심취한 표정으로 방 안을 돌아다니면서 구술했고, 오히려 시종은 앉아서 괴테가 구술한 내용을 받아썼다. 이 사정을 모르는 누군가가 이 모습을 엿봤다면 도저히 이해할 수 없는 풍경이었을 것이다. 귀족은 힘들게 서서 돌아다니고, 하인은 앉아서 한가하게 글을 쓰고 있으니 말이다. 하지만 괴테는 세상의 시선을 신경 쓰지 않고 언제나 창조할 수 있는 방법을 찾는 데 온 힘을 기울였다. 만약 그가 서서 걷지 않았다면 창조적인 문장은 나오지 않았을 것이며, 대작『파우스트』 역시 탄생하지 않았을 것이다.

괴테가 그랬던 것처럼 아이가 일어서서 집을 돌아다니며 어떤 이야기를 하면 그걸 부모가 받아서 쓰는 것도 좋은 방법이다.

"이게 다 네가 한 말이야. 어때, 놀랍지?"

라는 말을 건네면, 아이는 조금씩 자신감을 쌓을 수 있다. 그렇게 독서나 글쓰기는 아이에게 맞는 방법을 찾아내는 식으로 접근해야 한다.

이것은 실제로 아이들과 말하기 독서록 숙제를 하는 방법이기도 하다. 아들은 책의 내용을 글로 옮겨 적는 것을 무척이나 어려워했다. 그러면 나는 본깨적 정리법(『바인더의 힘』, 강형규)을 활용했다. 큰 카테고리를 3개로 나누어서 본 것, 깨달은 것, 적용점을 적었다. 그리고 아이에게 책 내용에 대한 질문을 통해 책 내용을 정리했다. 아이가 질문에 자기 생각을 덧붙여 이야기하면 열심히 노트에 받아적었다. 내가 열심히 필기를 하면 아이는 더 신이 나서 이야기를 한다. 자신의 이야기를 경청하고 있음을 아이도 느끼기 때문이다. 필기한 내용으로 다시 한 번 정리하며 이야기를 나눈 후, 그 필기를 보며 아이는 독서록을 작성한다.

"내가 이런 말을 했구나. 멋진데~"

아이도 엄마도 함께 놀라는 시간이다.

괴테 어머니의 교육법은 나에게 삶으로 가르치라는 메시지를 남겼다. 단순히 공부를 대하는 자세, 독서를 대하는 자세를 말하는 것이 아니라, 음식을 먹을 때에도, 말을 할 때에도 충분히 생각하며 아이를 위하는 그 사랑의 마음이 괴테를 거장으로 성장시켰다는 사실 앞에 겸허해졌다. 그동안 내가 좋은 비결, 좋은 팁 하나를 알아 와서는 그것만이 정답인 듯 아이들을 실험하지는 않았는지 생각해본다. 신중하게 삶으로 보여준 것만 아이에게 남게 된다. 우리 아이의 기질을 가장 잘 아는 내가, 우리 아이에게 가장 맞는 나만의 방법으로 다가가야 한다. 변치 않는 일상의 엄마를 보고 아이는 자란다.

08

자기 효능감은 아이를 웃게 한다

계속된 코로나로 등교는 기대할 수 없어지고 온라인 수업이 이어졌다. 온라인 수업에 집중할 수 있는 학생이 과연 몇이나 될까? 우리 아이들도 역시 컴퓨터 앞에 앉아서 끊임없는 유혹을 견디지 못하고 자유롭게 온라인 세계를 탐험하고 있었다. 코로나 시국에서도 진도는 나가고 있기에 어느새 국어(가)책이 끝났다. 3, 4, 5월이 정신없이 지나갔다. 국어(나)를 시작하며 아들이 한 말이 나를 깨웠다.

"엄마, 국어(나)는 새로운 마음으로 할 거야."

"오호, 어떻게 그런 마음을 가지게 됐어?"

"그냥, 한번 해보려고. 새 책이잖아."

아들이 새 책을 펼치며 그냥 한 말일지 모르지만, 나는 그 순간 자기 효능감을 만났다. 자기 효능감은 '자신이 어떤 일을 성공적으로 수행할 수 있는 능력이 있다고 믿는 기대와 신념을 뜻하는 심리학 용어'이다.

지난 명절 오랜만에 친척이 한자리에 모였다. 이제 막 두 돌이 지난 조카가 프링글스 통 위에 물컵을 올리고 있었다. 기다란 원통에 물컵 하나를 올려놓으며 입가에 미소가 가득하다. 나는 함박웃음을 지으며 조카의 컵 쌓기에 박수를 보냈다. 스스로도 굉장히 만족스러워하던 조카는 주방으로 달려가서 물컵을 하나 더 가져왔다. 그리고는 원통(프링글스) 위에 물컵을 하나 쌓아 올리고는 두 번째 물컵을 쌓고 있었다. 쌓고 무너지고를 여러 번 반복하더니 마침내 컵 두 개를 쌓는 데 성공했다. 그때 조카의 모습이란 세상을 다 가진 표정이었다. 두 돌 아가의 자기 효능감이 발현된 순간을 목격한 것이다. 그 어느 누가 시키지 않았는데 스스로 물건 위에 물건을 쌓아보며, 떨어트려보며 스스로 쌓아 올린 그 성취감. 설 명절에 만난 조카에게서 자기 효능감을 엿보았다.

아이들의 자기 효능감을 높이기 위해 많은 부모님들이 고군분투를 한다. 학업에 대한 자기 효능감을 높이기 위한 노력은 학원으로 이어진다. 축구대회 1등, 수학 시험 100점을 통한 성취감이 자기 효능감을 높일 수 있기 때문이다. 하지만 여기서 생각해볼 것이 있다. 자기 효능감은 작은 성공 경험이 쌓여서 생기는 것이다. 축구 대회, 수학 시험을 통한 성취감이 자기 효능감을 높일 수 있다. 하지만, 그보다 중요한 것은 스스로 선택한 것을 해냈을 때 느끼는 감정이다. 자기 용돈으로 기꺼이 아이스크림을 사주는 아이, 그 아이스크림을 맛있게 먹어주는 가족의 반응을 보았을 때 자기 효능감이 올라간다. 맛있는 저녁 식사를 위해 두부 심부름을 한 아이에게 식사 자리에서 고마움을 표현했을 때 자기 효능감이 올라간다. 형님 나이가 되었다며 스스로 알약을 꿀꺽 삼키는 그 순간에도 아이의 자기 효능감은 올라간다. 다른 누군가의 요구에 의한 것이 아니라, 스스로 상황을 바라보며 선택한 것을 해내는 경험이 자기 효능감을 높인다.

새 교과서를 펼치며 다시 한 번 해보려는 마음을 먹은 아이
스스로 선택한 것을 해냈을 때 '나는 할 수 있다.'라는 성취감
과제를 마치고 목표에 도달할 수 있는 능력에 대한 스스로의 평가

일상 속에서 아이의 자기 효능감을 높일 수 있는 순간을 잘 포착해야겠다는 다짐의 순간이었다. 거창한 것을 달성하는 것에 목표를 둘 것이 아니라, 일상의 사소한 일들에서 아이가 스스로 선택하고 성취 할 수 있는 기회를 주어야 한다. 엄마는 기다려야 한다. 아이가 다양한 성취와 실패를 느끼며 한발 성장하도록 기다려야 한다.

09

하브루타식 칭찬을 활용하라

자기 효능감을 높이는 칭찬

하브루타를 조금씩 알아가고 실천하며 아이와 나누는 대화의 깊이를 생각해본다. 피상적인 확인 위주의 대화에서 '아이는 이 순간 어떤 생각을 하고 있을지 잠시 머무를 수 있는 힘'을 하브루타에서 배웠다.

아이의 삶을 통해서 가장 중요한 가치가 무엇일까 생각해보았을 때, 1순위로 뽑고 싶은 가치는 바로 '자기 효능감'(Self-efficacy, 自己效能感)이다. 자신이 어떤 일을 성공적으로 수행할 수 있는 능력이 있다고 믿는 기대와 신념이 바로 자기 효능감이다. 엄마의 자리에 서니 어떻게 하면 자기 효능감을 키워줄 수 있을까 고민이 많아진다.

자기 효능감을 높이기 위한 최고의 방법은 스스로 해보는 경험과 하브루타식 칭찬이다. 앞서 2장에서 미리 언급했던 종이비행기 이야기를 하고자 한다. 초등 3학년이었던 우리 아들은 하루 종일 종이비행기를 접었다. 그 열정의 시작은 학예회 때문이었다. 코로나로 인해 예전처럼 학예회를 할 수는 없지만, 영상 촬영이나 자신만의 방법으로 학예회를 준비하게 되었고, 아들은 종이비행기를 선택한 것이다. 엄마의 기준에는 악기 연주나 태권도 격파 등 좀 더 가시적인 것을 원했지만, 아들은 종이비행기에 진심이다. 매일 비행기를 접었고, 각 비행기의 특징을 유튜브로 찾아보았다. 멀리 날아가는 비행기, 돌아오는 비행기, 오래 나는 비행기 등 종이비행기의 세계가 그토록 넓고 깊었는지 아들을 통해서 처음 배웠다.

그렇게 자유롭게 탐색을 하던 아들은 영상을 찍자고 제안했다. 며칠에 걸쳐 촬영을 했고, 비 오는 날이나 바람이 부는 날은 생각대로 비행기를 날릴 수 없어서 아쉬워했다. 엄마는 아들의 즐거워하는 모습에 영상을 찍어주었고, 편집해서 종이비행기 파일럿 영상을 만들었다. 배경음악과 자막은 아들의 아이디어를 적극 반영했다. 드디어 학예회 날 아들은 영상을 친구들 앞에 보여주며 뿌듯해했다. 그리고 아들은 학예회 이후 피아노에 관심을 가지기 시작했다. 피아노 연주를 멋지게 해내는 반 친구들을 보더니, 'Summer'를 배우고 싶다면서 악보를 찾아보기 시작했다.

나에게 자기 효능감이 무엇인지 아들이 알려주었다. 스스로 해보는 경험이 아들에게는 분명 자기 효능감의 계단 하나를 오를 수 있는 경험이 되었을 것이다. 엄마의 기준으로 바이올린 연주나 태권도 격파를 제안했다면 아들은 스스로의 시도가 아닌, 엄마를 만족시키는 학예회를 하게 되었을 것이다. 아들은 여전히 피아노를 즐겁게 다니고 있다.

스스로 선택해서 시도해보는 경험은 아이의 자기 효능감을 높이는 가장 중요한 계단 중 하나이다. 계단을 좀 더 수월하게 올라갈 수 있도록 돕는 것이 바로 하브루타식 칭찬이다. 그동안 칭찬의 올바른 방향을 찾지 못했던 내 칭찬의 현주소를 진단하게 되었다. 아이에게 감정과 느낌을 한 번 더 물어볼 수 있는 여유가 필요함을 깨달았다. 그동안 나의 칭찬은 결과 중심의 칭찬이었다. 종이비행기를 날리고 난 후의 아이의 감정과 느낌을 물어보며 스스로 그 감정을 표현해볼 수 있는 기회를 더 많이 선물해주어야겠다는 생각이 들었다.

그동안 나는 정답(正答, 옳은 답)을 찾는 것에 익숙해져 있었다. 올바른 답을 찾기 위해서 무수히 많은 해답(解答, 질문이나 의문을 풀이함)들을 살펴볼 여유가 없었다. 아이가 정답을 찾아나가는 과정에서 스스로 해답을 찾는 기쁨을 가로챘던 것은 아닐까? 아이가 걸어갈 길에 놓여 있는 돌멩이와 나뭇가지들을 빠르게 치워주고 싶었다. 그렇게 하는 것이 아이를 위한 일이라고 생각했다. 하지만, 그럴수록 아이가 스스로 할 수 있는 기회들이 사라진다는 것임을 이제야 보게 되었다. 아이가 걷다가 돌멩이에 걸려 넘어져볼 수 있는 경험은 이 어린 시절에만 누릴 수 있는 특권이다. 주변을 바라보며 노심초사하지 않고, 아이의 중심을 바라보며 기다려 줄 수 있는 든든한 버팀목이 되었으면 한다.

〈자기 효능감을 높이는 하브루타식 칭찬 방법〉

사실 칭찬 : 종이접기를 1시간 가까이 했네.

과정 칭찬 : 엄청 집중해서 비행기를 접던데?

질문 칭찬(감정과 느낌) : 재미있었니? 그렇게 비행기를 접으면 어떤 마음이 들어?

피드백(아이 반응에 적절한 피드백) : 네가 재미있었다니 엄마도 기분이 좋구나. 엄마도 비행기 접어서 날리고 싶어지는 걸?

5장

집에서 시작하는 자존감 하브루타 실전 10

01

도전! 한번 해보자

'도전'은 나의 블로그 아이디이다. 무수히 많은 아이디 중에서 왜 '도전'이라는 단어를 선택했을까?

'나의 도전이 다른 누군가에게도 도움이 되었으면 좋겠어.'

그래서 '도전'이 되었다. 나는 익숙한 것을 좋아하고, 새로운 것에 도전하는 것을 그리 좋아하지 않는 성격이다. 하지만 일단 시작하면 성실하게 그 일을 유지해나가는 끈기와 인내심이 있다. 도전이라는 아이디로 시작된 만큼, 그동안의 안정적인 삶에서 새로운 것을 도전해보는 삶을 살고자 했다. 그 첫 도전이 블로그에 서평을 올리는 것이었다.

막연히 글을 써보자 해서 시작한 글쓰기 모임에서 하얀 종이 위에 써 내려간 나의 이야기들이 치유의 힘이 되었다. 부모님과의 관계, 자녀와 남편과의 관계, 직장생활 등에 대해서 적어나가면서 비록 독자도 없고, 잘 쓰인 글도 아니지만, 글쓰기를 통해서 나 스스로를 토닥여주고 말 걸어줄 수 있는 내면의 힘이 생겼다.

책 속의 다양한 이야기들 속에서 공감대를 얻는 재미도 있었고, 지혜를 얻기 위한 마음도 있었고, 때로는 주지화의 방어기제처럼 책 뒤에 숨어 있는 때도 있었다. 그리고 답을 찾고 싶었다. 그래서 무작정 읽기 시작했고, 메모하기 시작했다. 그리고 지금은 나만을 위해 시작한 그 일을 흘려보내야겠다는 생각에 이르렀다.

나의 작은 도전에 가장 큰 영향을 받은 것은 매일 함께 하는 가족들이었다. 나의 작은 변화는 가족에게 그리고 더 나아가서 또 다른 가족에게도 선한 영향력으로 울려 퍼지기를 기대한다.

두 팔 벌린 김밥

이른 새벽, 두 눈을 부비고 일어난다. 고소한 참기름 냄새가 나면서 엄마의 뒷모습이 보인다. 잠결에 김밥 꼬투리를 입에 넣는다. 이것이 나의 어린 시절 소풍날 아침의 풍경이다. 우리 아이들은 소풍날 아침을 어떻게 기억하고 있을까? 요즘 엄마들은 포켓몬 도시락 등 아주 각양각색으로 준비한다는데 나는 내 요리 실력을 알기에 김밥을 준비하는 것 자체만으로도 스스로에게 큰 격려를 보내야 했다. 코로나로 인해 초등학교 시절의 소중한 추억, 소풍(현장체험학습)이 사라진 채 멈추어 있었다. 3년 만의 소풍날, 김밥 준비는 아이들만큼 엄마에게도 설레는 시간이었다.

하지만 소풍날 아침 맞이는 추억과 달랐다. 아이들이 일어나기 전에 김밥 속 재료를 준비하고 멋지게 김밥을 잘랐으나, 이상하게 자르는 것마다 김밥이 두 팔을 벌리고 속 내용물을 다 보여주고 있었다. 마침 그때 일어난 아들이 "음, 엄마, 나는 유부초밥도 좋아해."라며 위로 아닌 위로를 해주었다.

몇 번의 시도 끝에 겨우 완성한 두 팔 오므린 김밥을 도시락 통에 담아주었다. 수북이 쌓인 두 팔 벌린 김밥을 보며 딸이 또 한마디 건넸다.

"엄마, 오늘 김밥 장사하는 거야?"

추억과는 사뭇 다른 소풍날 아침을 맞이하며 친구에게 실패한 김밥 사진을 보냈다. 그런데 의외의 반응이 나왔다.

"오! 소질 있어. 야무지게 참치도 넣었네. 두 팔 벌렸어도 소질 있어."

친구의 그 말에 용기를 얻어서 저녁에는 다시 김밥 테두리까지 밥알을 꼼꼼히 묻히고 김밥을 완성했다.

현장학습을 다녀온 아이들이 저녁 밥상을 보며 말했다.

"아침과는 다른 김밥인데, 맛있겠다."

"엄마가 저녁에 다시 용기 내서 만들어봤어. 아침까지만 해도 김밥은 역시 사 먹어야겠다고 생각했었거든. 근데 친구가 다시 해보라고 해서 해봤더니 되더라고."

사실 이 김밥 만들기는 아이들보다 나의 자존감을 높이는 시간이었다. 더불어 아이들의 자존감을 높이는 방법은 바로 아이들 스스로 해보고자 하는 마음이 들었을 때, 격려의 한마디가 가장 큰 힘이 된다는 것을 몸소 경험한 시간이었다.

아이들에게는 어떤 소풍날의 아침이 추억으로 남았을까? 새벽에는 두 팔 벌린 김밥이 저녁에는 다소곳이 두 손을 모으고 가지런히 정돈된 모습을 보며 엄마의 노력을 알게 되었을까? 분명한 사실 하나는 잘하지 못하지만, 한번 도전해본 엄마의 모습일 것이다.

구겨버린 시험지

아들의 가방은 주기적으로 확인해보지 않으면 오래된 유물이 발견된다. 오랜만에 아들 가방을 열어보니, 학습지부터 부러진 연필, 지우개, 과자 껍질 등 다양한 유물이 발견되었다. 그 속에서 구겨진 수학 시험지가 발견되었다.

"아들, 시험지가 왜 이렇게 구겨진 거야?"

“아, 점수가 너무 안 나와서 구겨버렸어.”

수학 문제를 집에서 열심히 풀지도 않으면서 수학 시험은 잘 보고 싶었던 아들의 속마음을 알아차린 날이다.

“음, 시험을 잘 보고 싶었는데 점수가 잘 안 나와서 속상했구나.”

“응, 시험 잘 보고 싶어. 다른 친구들처럼.”

“친구들은 좋은 점수를 받은 것 같아?”

“응, 다들 엄청 빨리 풀더라고. 나도 잘하고 싶어.”

“수학을 잘하고 싶으면 어떻게 해야 할까?”

“문제를 풀어야겠지.”

그렇게 수학 공부가 시작되었다. 중학년이 되면서 수학 학습 내용이 많아지고 연산 문제가 복잡해지면서 수학의 어려움을 느꼈나 보다. 그렇게 스스로의 내적 동기가 올라간 이후, 수학 문제를 푸는 학습 태도가 많이 달라졌다.

하교 후 학교 얘기를 잘 하지 않던 아들이 가방을 내려놓자마자 시험 이야기를 시작한다.

“엄마, 이번 시험은 어려웠어. 100점 맞은 애들이 별로 없어. 이 문제는 이랬고 저 문제는….”

평소에는 틀린 문제를 점검하려고 하면 관심이 없었는데 이번 시험은 달랐다. 고민하며 찍은 답이 맞았다고 기뻐했다.

"역시 고민하다가 고치지 말아야 해. 고쳤으면 틀릴 뻔했어."

스스로 갖는 성취감이 이런 것이다. 엄마의 잔소리로 공부한 것이 아니라, 스스로 해낸 성공의 경험이 성취감으로 이어진다. 왜 틀렸는지 설명하는 그 순간, 아이의 메타인지는 열심히 작동한다.

재미있게 진 게임?

유난히도 승부욕이 강한 아이가 있다. 바로 우리 아들이다. 모든 게임에서 승리를 해야만 직성이 풀리는 아들과의 보드게임은 언제나 아들이 눈물을 흘리며 마무리되고는 했다. 부루마블을 할 때는 돈을 넉넉히 가지고 시작하지 않으면 경기를 마칠 수가 없었다. 그렇게 마냥 어리기만 했던 아들이 어느덧 중학년이 되었다. 한 해 한 해 성장하면서 스스로의 부족함을 마주할 때 폭발적으로 반응하던 모습이 많이 성장했다.

"나도 질 수 있어."

"내가 언제나 이길 수 있는 것은 아니야."

"내가 모든 것을 다 잘할 수는 없어."

그렇게 조금씩 알아가는 중이다. 영어에서는 'Bite-sized Failure(한입 크기의 작은 실패)'라는 표현이 있다. 어린아이일수록 한입 크기의 작은 실패를 스스로 겪어나갈 수 있도록 격려해야 한다.

아이들과 스플랜더 보드게임을 하고 있었다. 이 보드게임은 보석 코인으로 점수를 모은다. 어린 시절에는 무조건 승리만을 위해 보드게임을 했었는데 이번에는 게임에 진 후 아들이 검색을 한다.

"다이아몬드가 정말 비싸네. 다이아몬드는 전 세계에 얼마 없어서 비싸대."

"그치? 여러 개 있으면 비싸지 않았을 텐데 몇 개 없으니까 더 소중해서 값이 비싼가 봐. 근데 이 세상에 우리 아들, 딸과 같은 사람이 또 있을까?"

"음… 나랑 같은 이름은 있을 수 있지."

"그치? 하지만 우리 아들(딸) 이름에, 딱 우리 아들(딸) 같은 모습에, 딱 우리 아들(딸)만의 생각을 하는 사람은 딱 한 명뿐이잖아."

"그렇지."

"그래서 너희들이 더 소중한 거야. 다아이몬드는 전 세계에 몇 개 없어서 소중한데, 우리 아들(딸)은 전 세계에서 하나밖에 없는 유일한 존재니까 이보다 더 소중한 건 없지."

"그래서 우리한테 맨날 소중하다고 하는 거야?"

넘어져도 괜찮은 곳, 다시 일어날 수 있는 곳 '아이스 링크장'

아이들과 방학 동안 아이스 링크장을 주 1회 다니게 되었다. 전문 강습이 아니기에 일주일에 한 번씩 놀이시간으로 가서 스스로 타는 법을 익히게 되었다. 첫 방문에서는 스케이트장 벽을 붙잡고 겨우 돌았다. 두 번째, 세 번째 방문에서는 넘어지기를 계속 반복하며 혼자 일어나는 법을 배우고, 중심 잡는 법도 익히게 되었다.

어른도 아이도 모두 넘어지는 곳이 바로 스케이트장이다. 넘어져도 훌훌 털고 다시 일어날 수 있는 곳이 아이스링크장이다. 차가운 얼음 바닥에 꽈당 넘어져도 다시 일어나는 초보 시절로의 시간여행을 아이들과 함께 떠나게 되었다. 엉덩방아 찧는 것이 두려워 아무리 조심조심 걸어도 어김없이 넘어지고, 다시 일어서는 것을 반복했다. 그렇게 터득하게 된 것이 바로 중심 잡기이다. 무게 중심이 아래로 잘 내려가도록 균형을 잡고 오른발 왼발을 옮겨갔다. 신나게 타던 아들이 돌연 "이제 재미없다. 집에 가자." 이러는 것이었다. 갑자기 왜 이러는 것인지 아들을 살피며, 아들의 시선을 따라가 보니, 그 시선의 끝에는 7층에 사는 유치원 동생이 있었다. 한참 어린 동생이 너무나 가볍게 스케이트를 타는 모습을 보니, 아들은 갑자기 의욕을 잃은 모양이었다. 부족한 형의 모습을 동생에게 보여주기 싫었던 것일까? 아들을 살피며 묻고 싶은 것을 참았다.

'재미있게 잘 타다가 갑자기 왜 그러는 거야? 그냥 동생 생각하지 말고, 너는 연습하면 되잖아.'

하고 싶은 말이 가득했지만, 아들의 감정의 흐름을 한발 뒤에서 지켜보기로 했다.

"잠깐 간식 먹고 쉬었다가 생각해보자."

달콤한 초콜릿 간식을 먹으며 쉬고 있는데, 마침 아이스 링크장 바닥 정리 작업으로 쉬는 시간이 이어졌다. 간식도 먹고, 음악도 들으며 기분이 많이 전환되었다.

"지금 기분이 어때?"

"집에 가고 싶어. 저 동생보다 잘 타고 싶은데, 생각처럼 잘 안 돼."

"잘 타고 싶은데 잘 안 되서 그랬구나."

"응, 근데 다시 해보자. 바닥 작업 끝났으니 더 미끄럽겠지."

때마침 적절한 환기 시간이 아들의 감정을 다스리는 데 도움이 되었다. 순간 욱 하는 감정이 올라올 때, 이런 환기 시간이 꼭 필요함을 느낀다. 아이스 링크장에서 만난 유치원 동생은 아들의 자극제가 되어서 연신 넘어지면 오뚝이처럼 다시 일어나며 스케이트장을 돌았다. 돌아오는 차 안에서 아들의 솔직한 마음을 들을 수 있었다.

"○○이 정말 잘 타더라. 정말 빨랐어. 나도 빨리 타고 싶었는데…."

누나가 한마디 거들었다.

"○○이는 얼마나 연습을 많이 했겠냐."

"그래, 아까 ○○이 엄마께 여쭤보니까 방학이라서 매주 2번씩 연습하러 왔었대. 지금 선수반 하려고 스케이트도 주문했다고 하더라고."

"응, 연습을 많이 했구나. 역시!"

결과만 보는 눈에서 과정을 보는 눈을 가졌음에 감사한 순간이었다. 나 역시 아이들과 함께 성장하는 과정에서 결과만을 보던 눈에서 벗어나서 과정을 바라보는 눈을 가지는 것이 가장 중요한 첫걸음이다.

02

온가족 장점 100가지 찾기 챌린지

하브루타로 가정을 리모델링(언어의 재배치)하기 위해 시작한 것은 〈우리 가족 장점 100가지 찾기 챌린지〉였다. 부정적인 언어를 긍정으로 바꾸고 스스로의 강점을 찾아보는 시간을 가지게 되었다. 매일 5가지의 장점을 발견하는 시간이다. 스스로의 장점, 엄마 아빠가 보는 장점, 누나가 보는 장점, 동생이 보는 장점을 적고 소리 내어 읽는 시간을 꾸준히 실천했다. 매일의 작은 성공이 쌓이면서 챌린지 성공까지는 3개월의 시간이 걸렸다.

"100가지나?"

"너무 많은 것 아니야?"

"그렇지? 좀 많기는 하다. 하루에 5가지만 찾아보자."

100가지를 언제 다 찾느냐고 투정을 부리던 아이들이었지만, 100가지 장점을 채워나가며 평소 지나치던 작은 부분까지도 장점으로 발견하는 눈이 생겼다.

"누나는 목소리가 돌고래 소리처럼 초음파 소리가 나는 것도 장점이야."

"그게 무슨 장점이야?"

"나는 그런 목소리가 안 나온다고. 그건 누나의 장점이야."

장점을 쓰다가 더 이상 생각이 안 난다고 어려워하는 순간, 권영애 선생님의 『버츄프로젝트』의 미덕 책받침을 활용해서 미덕 장점 찾기를 했다. 서로에게 인내의 미덕, 성실의 미덕을 장점으로 적어주며 그 미덕의 의미를 읽어주는 것만으로도 내 입과 내 귀의 말이 맑아지는 시간이 되었다.

90가지의 장점을 찾았을 즈음에는 스스로의 장점에 더 집중해보기로 했다. 아이들은 가족이 적어준 장점도 좋았지만, 마지막에 스스로의 장점을 몰아치면서 써보았던 그 시간도 좋았다고 한다. 생각하고 생각해도 더 이상 쓸 것이 없다는 위기도 있었지만, 온가족의 도움으로 같이 완성했다. 하루에 한 번, 이틀에 한 번, 사흘에 한 번, 일주일에 한 번, 이주에 한 번, 들쑥날쑥했지만, 꾸준히 기록하다 보니 100가지 장점을 모두 찾을 수 있었다.

이 챌린지가 스스로를 충분히 알아가는 시간이기를 바랐지만, 때론 하기 싫을 때도 있었고, 왜 100가지나 찾아야 하냐고 투덜대기도 했다. 하지만 완성하고 나니 스스로도 뿌듯해했다. 무엇보다 좋았던 것은 장점을 찾기 위해 온가족이 함께 모여 있던 그 시간이었다. 아빠도, 엄마도, 아이들도 스스로의 장점과 가족의 장점을 생각해보는 그 시간이 참 좋았다. 그림 그리기와 다양한 활동도 추가로 하고 싶었지만, 아이들이 힘들어하는 것 같아서 살짝 숨 고르기를 했다.

100가지를 적어보니 계속 반복되는 단어가 있었다. 아마도 그 단어는 정말 나의 장점일 것이다. 반복적으로 발견된 나의 장점이 소중한 나를 발견하는 눈으로 자라나기를 소망한다. 나는 미처 발견하지 못했던 내 모습을 장점으로 보아주고, '내가 이런 것을 잘했었구나!' 하며 새롭게 발견하는 시간을 보냈다.

"힘들었지만 뿌듯했어."라고 말하는 아이들의 고백이 감사한 순간이었다.

온가족 장점 100가지 찾기 챌린지

1. 하루에 5가지씩 자신의 장점 찾기

: 스스로 2가지, 가족이 1가지씩 적어주면서 내가 스스로 생각하지 못했던 장점을 발견하게 된다.

2. 장점 적은 후, 가족들 앞에서 소리내어 읽기

: 스스로 장점을 적어보면서 한번, 소리내어 읽어보면서 두 번, 긍정적인 언어가 아이에게 쌓이는 시간이다.

3. 위기의 순간이 오더라도 포기하지 말고 꾸준하게 적기

: 아이도 엄마도 지치는 순간이 찾아온다. 그럼에도 불구하고 계속 도전해 보기를 바란다. 분명 아이도 엄마도 성장하는 시간이다.

이 챌린지를 하면서 기억해야 할 것은 바로 아이들을 '이해'하는 것이다. 아이들은 끊임없이 다시 초보로 돌아가는 순간이 찾아온다. 비단 아이들만이 아니라 어른들도 그러하지 않은가? 성장 그래프는 직선이 아니라 계단처럼 이루어진다. 흔히 학습에서 이야기하는 고원현상이 바로 그것이다. 한 단계 껑충 성장한 듯한 아이들을 만나고 기뻐서 조금만 방심하면 다시 처음으로 돌아간 듯한 때가 나타난다. 아무런 성장이 없이 멈추어버린 듯한 시기가 찾아온다. 이때가 부모님들이 가장 지치는 때이

다. 나 역시 그러했다. 100가지 장점 찾기가 좋으면서도 100가지나 왜 찾아야 하느냐며 투정을 부리는 순간이 어김없이 찾아오곤 했다.

이때 부모님이 발휘해야 할 덕목은 '꾸준함, 변함없음, 기다림'이다. 아이들은 시시때때로 변화하면서도 부모님은 한결같이 그 자리를 지켜주기를 바란다. 이 얼마나 아이러니한가? 하지만 이것은 우리 아이들이 나를 바라볼 때도, 나 역시 우리 부모님을 바라볼 때도 같은 시선인 것 같다. 내가 오르락내리락 하는 그 순간에도 변함없이 안정적으로 그 자리를 지켜주는 부모님을 바라볼 때, 흔들리던 나는 다시 중심을 잡고 도약한다.

한 가지 더 추가할 것은 바로 '솔직함'이다. 아이들의 변화무쌍함 앞에서 언제나 한결같이 그 자리를 변함없이 지킨다는 것은 사실상 고문과도 같은 시간이다. 정말 괴롭고 힘든 시간이다. 이 시간을 지혜롭게 지나기 위해서는 찬찬히 아이들을 바라보며, 나의 솔직한 마음을 전하는 시간이 필요하다. 아이들이 나의 이야기에 귀 기울일 만한 준비가 되었는지 관찰한 후 솔직한 나의 마음을 전한다.

"엄마는 우리 가족이 같이 모여서 장점을 찾는 시간이 정말 좋았는데, 너희들은 그 시간이 힘들구나. 그래 오늘은 하루 쉬더라도, 우리 100가지 장점 찾기를 잘 마무리할 수 있을까? 엄마는 끝까지 해보고 싶어."

"많이 힘들었구나. 하지만 엄마도 너희도 모두 기분 좋은 목소리로 이야기하면 좋을 것 같아.”

아이의 자존감을 키워주기 위해서 가장 필요한 덕목이 바로 ‘인내’이다. 『엄마의 말연습』(윤지영, 2022)에서 ‘부모의 인고는 아이가 존중을 배우는 수업료인 셈입니다. 단언하건대 존중은 오직 존중으로만 가르칠 수 있습니다.’라는 문장을 만났을 때 고개를 끄덕일 수밖에 없었다.

‘좋은 건 알지만 지금은 하기 싫은 아이의 마음을 이해해야지. 숨 고르기 하자. 아이가 기분 좋은 때를 포착하자. 그래야 나도 아이도 모두 좋은 시간을 만들 수 있지.’

멈추어 생각하면 서로를 위한 좋은 대안이 떠오른다. 배운 것을 적용하기 가장 좋은 때는, 다름 아닌 우리 아이가 기분 좋은 때이다. 아이의 때를 지켜보며, 아이의 상황을 헤아리는 부모님의 모습에 ‘존중’이 있고, ‘인내’가 있다. 결코 쉽게 얻을 수 없기에 더 소중하다. 쉽게 얻을 수 없는 그 속에서 우리 아이의 자존감이 자라난다.

때로는 인내하는 그 시간이 무의미해 보이지만, 자녀를 위한 인내의 시간은 0에서 1로 바뀐 시간이다.

“0과 1 사이의 거리가 1과 100 사이 거리보다 멀다.”

이 유대 격언이 가슴 찡하게 남는 이유가 바로 이 때문이다.

03

하브루타 토론, 시작은 자연스럽게 하라

아이들의 잠재된 생각의 영역을 확장해줄 수 있는 가장 좋은 것이 이야기를 나누는 것이라고 생각했고 그 시작이 하브루타였다. 아무리 좋은 책과 강연을 들어도 정작 생활 속에서 실천하지 못했기에 겨우 일주일만에 끝나는 경우가 많았다. 그런데 다시 한 번 해보자 마음을 바꾸었던 것은 바로 딸 덕분이었다. 평소에 딸과 나누는 대화의 대부분은 BTS 얘기였다. 매일 밤, 딸과의 잠자리 이야기에서 BTS 멤버들의 이름을 모두 알게 되었다. '달려라 방탄' 영상이 업데이트되는 날 밤에는 모두 잠든 시간 딸과 둘이 깨어서 키득키득 웃음을 참으며 보기도 했다. 그렇게 대부분의 대화가 BTS였던 딸에게서 어느 날 이런 질문을 들었다.

“엄마, 담뱃값을 인상하면 좋은 점이 뭐야?”

내 귀를 의심했다. 갑자기 담뱃값 인상이라니 그동안의 대화와 너무 달라진 주제에 더 귀를 기울이며 이야기를 나누었다.

“글쎄. 담뱃값이 비싸지니 담배를 덜 피우게 되겠지.”

이 대화가 시작이었다. 당시 5학년이었던 딸이 학교 수업 중 토론 수업을 준비하며 나에게 했던 질문이었다.

“엄마, 나도 그렇게 적었어. 근데 또 다른 이유는 뭐가 있지?”

근거자료를 찾아야 한다면서 웹서핑도 하고 이야기를 나누면서 담뱃값 인상에 관한 이야기를 자연스럽게 나누었다. 담임 선생님께 정말 감사한 마음이 들었다. 코로나19로 온라인 수업으로 진행되었지만, 매시간 줌을 통한 다양한 활동과 시도를 하시는 선생님의 열정에 늘 감사하고 있었다. 더욱이 어려운 토론을 삶으로 넣어주신 선생님께 다시 한 번 감사드린다.

그날 이후 새로운 풍경이 펼쳐졌다. 이번에는 아들이 제안했다.

“우리 다른 걸로 이야기해보자. 민초단이냐? 반민초단이냐? 이런 거 있잖아.”

민초단은 민트 초코를 좋아하는 사람을 말한다. '달려라 방탄'에서 열렬한 토론의 장을 펼쳤었던 주제이다. 달려라 방탄에서 재미있게 보았던 토론처럼 자리를 만들어서 해보자는 이야기가 아이들에게 나왔다. 찬성과 반대로 의자까지 옮겨가며 이야기를 나누었다. 첫 토론 주제는

"붕어빵은 팥이다? 슈크림이다?"

아이들이 정한 주제에 아이들이 자리를 마련하고 엄마, 아빠는 토론자가 되어 참여했다. 정답이 없는 그 열정적인 토론 시간이 오래도록 기억에 남는다. 시작은 자연스럽게 하되 대화의 주제는 아이들에게서 나와야 함을 다시 한 번 경험한 날이었다.

이후로 이 토론 놀이는 일상 속에서 자연스럽게 찾아왔다. 주말 자유시간을 정할 때, 게임시간 규칙을 정할 때, 우리 집 규칙을 재정비할 때 자연스럽게 하브루타 토론이 이어진다. 가족 소집을 주도하는 것은 언제나 아이들이다.

"자, 모여요. 가족 회의합니다."

준비되었다면 쉬운 것부터 "그림동화 하브루타"

하브루타는 이미 생활 속에서 다양한 모습으로 함께 하고 있다. 다만, 그것에 어떻게 의미를 부여하느냐에 따라서 좀 더 풍성한 대화를 나눌 수 있다. 내가 실천하고 있는 방법 중 가장 쉬운 출발은 그림동화이다.

아이들을 위해 그림동화를 읽기 시작했지만, 아이들이 많이 자란 요즘은 나를 위해서 그림동화를 보고 있다. 짧고, 쉬우며, 생각거리를 남겨주는 그림동화는 풍부한 이야깃거리를 선물한다.

『친구의 전설』(이지은)을 함께 보게 되었다.

"어? ㅇㅇ의 전설이라… 비슷한 것 봤던 것 같은데, 이름이 기억 안 나네. 아, 팥빙수의 전설이랑 비슷한 것 같아."

읽기 전 : 무슨 내용일까?(표지 살피기)

한 작가의 다양한 그림동화를 같이 읽다 보니 그림이나 작가를 보고 맞추는 재미가 있다. 대답의 기회는 아이들에게 양보하는 센스가 필요하다. 가장 먼저 책 표지와 뒤표지의 그림을 살피는 것은 이야기 속으로 들어가는 열쇠이다. 아이들은 표지에서 많은 것을 발견하고 책 속 흥미를 이어간다.

"둘이 서로 바라보는 표정이 어때 보여?"

"어? 호랑이 색이 달라졌어."

엄마는 표정에 집중하지만 아이는 색깔을 발견한다. 아이의 관찰과 생각은 모두 옳다. 아이의 표현을 다시 반영한다.

"오, 호랑이 색이 달라졌네."

아이의 말을 단순히 반복하는 것만으로도 아이는 자신의 이야기에 경청하고 있음을 느낀다.

읽는 중 : 나는야 개그우먼! 오버는 필수!

아이들이 책을 읽고자 하는 마음이 생겼을 때 책 속으로 들어간다. 주인공 역할을 하면서 대화를 읽기도 하고, 한쪽씩 번갈아 가면서 읽기도 한다. 그것도 귀찮아하면 그냥 엄마가 읽는다. 동화 읽기는 엄마의 당 충전 시간이기 때문이다. 책을 읽을 때는 최대한 옥동자를 떠올리면서 실감 나게 읽는다. 개그맨 정종철이 읽어주는 그림동화는 정말 리얼하다.

읽은 후 : 책을 덮고도 생각나는 명장면은?

다 읽은 후, 이제 주인공은 아이들이다. 엄마의 교훈적인 이야기는 아이들에게 들리지 않는다. 아이들의 기억 속에 남는 그림이나 글에 대해 이야기 나눈다. 물론, 이 과정을 생략해도 책을 읽는 것만으로도 아이는 생각이 자라고 있다는 것을 기억해야 한다. 나는 이 장면을 고를 때, 서로 생각을 들을 수 있어서 좋다. 각자 기억에 남는 장면과 이유가 달라서 이야기를 듣는 재미가 있다.

딸이 선택한 명장면은 다음과 같았다.

"서로 바라보는 눈빛이 아련해."

아들이 선택한 명장면

"후~!! 하고 불어서 속이 시원해. 떠나보내서 아쉽지만…."

아빠가 선택한 명장면(사진에는 잘 표현되지 않았지만, 그림책에는 민들레 씨앗이 반짝이는 프린팅으로 되어 있다.)

"반짝이는 민들레 씨앗이 기억에 남아."

엄마가 선택한 명장면

"저 많은 민들레들도 친구의 전설 하나쯤 가지고 있을까?"

책을 덮으면서 작가 이야기를 들려준다. 이 책은 이지은 작가가 15년간 함께했던 반려견 무탈이가 세상을 떠난 후, 무탈이를 생각하며 만들어진 동화책이다. 우리 집 반려묘 다솜이를 떠올리며 아이들과 이야기를 나눌 수 있었다.

04

•
•
•

그림동화로 틀을 깨라

캘리그라피 : 선이 없다고 생각하기

"학교 다닐 때 줄에 맞춰서 예쁘게 글 쓰셨죠?"

캘리그라피 일일 특강에 참여했다. 예쁜 글씨로 돈 봉투를 만드는 시간이었다. 초보이기에 캘리그라피 글씨를 보며 열심히 따라서 그리고 있는데 강사님의 이야기에 귀가 쫑긋해졌다.

"선이 없다고 생각하세요. 예쁜 캘리그라피는 선이 없다고 생각하고 틀을 벗어나서 마음이 가는 대로 적어나갈 때 멋진 나만의 글씨가 완성돼요."

캘리그라피에서도 틀을 깨는 작업이 필요하다. 캘리그라피에서의 깨달음은 아이들과의 그림동화 읽기로 이어졌다. 자연스럽게 아이들과 대화를 나누기 위해서는 그림동화가 제격이다.

『프레임 깨는 달팽이』(황준서)

"시도해보지 않으면 할 수 있는 일인지 아닌지를 알 수 없다."

– 푸블릴리우스 시루스

이 그림동화는 반남초 황준서 학생의 작품이다. 작은 이슬 한방울이 달팽이의 세계를 네모난 프레임에서 벗어나게 한다. 달팽이가 달팽이집을 벗어 던진 장면에서는 유쾌함마저 들었다. 내가 좋아하는 '홀가분'이라는 단어와 정말 잘 어울리는 그림이었다. 무언가 다 벗어던지고 홀가분해진 달팽이에게 동병상련을 느꼈나보다. '이제야 참 괜찮은 나'라는 고백에서 멈췄다. '이제야…'를 내뱉기까지 익숙한 것에서 느꼈던 '통제 가능한 괜찮은 나'가 아니라, 낯선 곳에서 통제 불가능하지만 '스스로 답을 찾아나가는 괜찮은 나'로 읽혔기 때문이다.

초등학생이 쓴 이 동화책이 아들 마음을 대변하는 것 같았다.

'내가 옳다고 한 그 틀이 아들에게 답답한 프레임을 만드는구나. 그냥 순종적인 아이였다면 모르고 지나갔을 순간이었겠지만, 그래도 아들 덕에 프레임을 깨는 순간이 찾아왔구나. 적당한 경계선은 남겨두되 자유롭게 탐색해보도록 기회를 주자.'

스스로 만든 프레임은 무엇인가? 안정과 편안함, 익숙함, 남들의 시선, 평가, 인정이라는 스스로 만든 프레임에서 벗어나볼까? 라는 물음이 생겼다면, 이 동화책 소개는 성공이다.

『아름다운 실수』(코리나 루켄)

실수에서 시작된 그림이 한 장 한 장 넘어갈 때마다 채워지는 재미가 있는 그림 동화이다. 나도 매일 실수하면서 아이의 실수를 실수로 보지 못하던 때가 있었다.

"왜 그래? 장난이 심하잖아. 친구 생각은 안 해? 왜 또 떨어뜨렸어? 또 잃어버렸어?"

나도 열 살일 때가 있었을 텐데, 마치 처음부터 어른인 것처럼 아이를 대하고 있던 나를 발견한 동화책이다.

완벽주의자는 아니지만, 남들의 시선에 늘 신경 쓰던 나는 아이보다 남들의 시선에 더 신경 쓰고 있었다는 것을 그제야 알았다.

“이 책은 참 좋은데, 다시 보자. 여기 이 그림!”

글로 내용을 살피고, 그림으로 내용을 살피고, 여러 번 책장이 넘어간다. 실수라는 이름 앞에 ‘아름다운’이라는 수식어가 이토록 아름답게 느껴지는 것은 처음이다.

“이 책은 실수가 멋지게 바뀌는 이야기네. 마음에 들어. 아름다운 실수.”

아이들과 재미있게 읽었던 이 책을 도서관 원화전에서 다시 만났다. 반가운 마음에 사진으로 담는데, 원화전의 그림을 보며 아들이 한마디 했다.

“오, 이 책 기억나. 실수해도 괜찮다는 책.”

아들의 기억 속에 실수해도 괜찮다는 책으로 남아 있었다. 나에게도 이 책은 많은 깨달음을 준 책이었다. 아들에게도 나에게도 실수를 아름답게 볼 수 있게 해준 책이다.

‘실수하면 어때? 새로 산 신발에 흙탕물 가득, 우산은 벌써 세 개째, 필통 속 연필은 작아지기도 전에 모두 사라지고, 지우개는 발이 달린 게 확실하지. 시커먼 신발과 옷소매가 오늘 하루 신나게 놀았음을 알려주지. 우산이 없으면 가방으로 머리를 막고, 연필이 없어지면 분실물 바구니를 뒤지고, 지우개 없이 연필로 슥슥 두 줄 긋고 마는 너를 보며… 그 속에서도 아이가 자라고 있으니 좀 더 여유 있게 바라보자.'

오늘도 이 말을 되뇌어본다.

『난 남달라』(김준영)

"남달라는 남다른 펭귄이야. 왜냐하면… 수영을 안 하거든. 수영을 못 하는 거 아니냐고? 물을 무서워하는 거 아니냐고? 이건 비밀인데, 달라도 수영할 줄 알아."

수영교실에서 돌아 온 달라는 "나 수영 그만둘래요."라고 말한다. 달라 아빠는 달라의 의견을 존중해준다.

그림동화에서 육아서를 만난 순간이다. 부모로서 정말 어려운 선택임을 알기 때문이다. 머리로는 알지만, 부모이기에 흔쾌히 허락할 수 없고 다그치게 되는 마음 말이다. 더군다나 달라는 펭귄인데 수영을 안 한다니, 평소 유연한 사고가 부족한 나에게 달라 아빠는 육아 선배로 다가왔다.

달라는 우연히 미끄러지면서 재미를 느껴 미끄럼대회에 나가고 우승까지 한다. 중간의 많은 탐색 과정을 거쳐 달라의 마지막 고백은 이렇게 바뀐다.

"수영 한번 해볼까?"

달라가 어떻게 이런 생각을 스스로 하게 되었는지 잠시 멈추어 생각하게 되었다. 다른 사람의 말이 아니라, 스스로 바다에 풍덩 빠져보니 그 세계가 궁금해졌던 것이다. 스스로 해야겠다는 동기유발을 불러 일으켜 주는 것이 가장 어려운 부분임을 부모라면 모두 공감할 것이다. 모두가 가는 길이기에 그냥 따라 가라고 하는 나와 왜 그렇게 해야 하냐고 묻는 아들의 모습이 같이 떠올랐다.

학예회 준비를 하며 종이 비행기를 접는 과정, 날리는 과정에서 아들의 진심을 엿보았던 때가 떠오른다. 무엇보다 스스로 해야겠다는 강한 동기유발이 몰입의 시작임을 강하게 느낄 수 있었던 순간이다. 아들의 흥미는 비행기에서 에어글라이더라로, 물수제비로, 마술로… 계속 옮겨 간다.

"이 열정이라면 무엇이든 할 수 있겠구나."

달라를 믿고 기다려 준 달라 아빠처럼 아들을 믿고 기다려 줄 수 있는 여유와 믿음이 내 안에도 함께 자라고 있음에 감사하다. 그리고 그 흥미가 학습으로도 이어지기를 바라는 부모의 솔직한 마음도 고백한다.

『하지만 하지만 할머니』(사노 요코)

99세 생일날, 할머니는 5살 꼬마가 되었다. 고양이는 양초를 잃어버려 슬펐지만, 할머니는 그 덕분에 동심을 되찾았다.

'어째서 좀 더 일찍 5살이 되지 않았을까?'

할머니는 5살의 기쁨을 회복하셨다. 고양이는 정말 5살이 된 듯한 할머니와 마주하며 케이크는 잘 만드실 수 있는지 걱정스러워한다. 5살 아이의 눈에도 99세 할머니는 아이다운 기쁨을 마음껏 누리는 것이 보였나 보다.

새로운 도전 앞에 주저앉게 되는 어른을 위한 동화이다.

내 모습을 만드는 것도, 나를 규정하는 것도 '나'이기에 내가 만들 틀과 굴레를 깨뜨릴 수 있기를 기대해본다. 아이와 함께 심었던 강낭콩 씨앗이 씨앗 껍질을 벗어나서 새롭게 탈바꿈한 강낭콩처럼 내가 만든 나의 껍질을 깨고 나오기를 소망한다.

"올해 나 5살 된 거야."라고 말하는 할머니처럼.

05

나만의 명장면을 찾아라

<하늘 위를 걷는 남자>

가족영화로 만난 이 영화는 도전이 무엇인지, 열정이 무엇인지, 간절함이 무엇인지, 진심이 무엇인지를 생각해 보는 시간을 선물했다.

2001년 전 세계를 충격 속으로 몰아넣은 '9.11 테러'와 함께 순식간에 잿더미로 무너져 내린 뉴욕 세계무역센터(쌍둥이 빌딩)를 기억하고 있는가? 이 이야기는 1974년 필립 쁘띠라는 청년이 뉴욕 세계무역센터 위를 걸었던 이야기를 담은 실화이다.

1974년 어느 날 필립 쁘띠는 신문에서 뉴욕 쌍둥이 빌딩 건축 소식을 접하게 된다. 이때부터 필립은 꿈꾸기 시작한다.

'저 건물 위를 걸어보는 거야.'

영화는 필립의 도전과 친구들의 응원과 지지, 성공을 담고 있다. 하지만 영화에 담지 않은 필립 부모님의 마음도 함께 읽혔다. 아들의 무모한 도전을 바라보아야 했던 부모님의 마음은 어떠했을까? 아들을 내쫓는 것으로 부모님의 등장은 마무리된다. 영화 말미에 필립이 쌍둥이 빌딩에서 걷기 위해 준비하는 과정에서 낯선 사람이 등장한다. 그 남자가 부모님이 보낸 사람은 아니었을지 혼자 영화적 상상을 해 보았다. 영화는 실화를 바탕으로 하기에 극적인 전개나 반전이 있지는 않았다. 마치 한 편의 다큐멘터리를 보는 것 같았다.

그럼에도 불구하고 집중하며, 손에 땀을 쥐며 영화를 보게 되었다. 영화를 다 보고 난 후, 다큐멘터리와 그림동화를 함께 보게 되었다. 다큐멘터리의 내용을 실사에 가깝게 재현해낸 영화였다. 그림동화 역시 실제 내용을 사실적으로 잘 표현했다. 영화의 감동이 다큐멘터리와 그림 동화로 이어졌다.

한 남자의 열정, 그리고 그의 열정을 지지해주는 친구들의 등장도 흥미로웠다. 아무리 생각해보아도 무모해 보이는 그의 도전은 그를 응원하는 여자 친구와 친구가 있었기에 성공할 수 있다. 동지라고 표현한 그들이 함께 준비하고 사진을 찍으면서, 거리를 계산하면서 실제로 몰래 쌍둥이 빌딩에 잠입하면서까지 그의 도전을 격려하며 지지해준 모습이 인상적이었다. 혼자라면 절대 이루어낼 수 없을 것 같은 도전이지만, 그의 꿈을 지지해주는 이들의 도움을 받으며 곡예를 예술로 승화시켰다.

필립은 자신의 도전을 예술로 인식하고 있었다. 한 어릿광대의 무모한 도전이 아니라, 아름다운 예술적인 도전으로 여긴 것이다. 필립의 스승 파파 루디는 필립의 열정을 보며 줄을 거는 법부터 바람을 타는 법, 줄 위에 오르는 법 등 모든 비법을 전수해준다.

비싼 수업료를 받으면서 비법을 전수하던 스승은 마지막에 그에게 수업료 전체를 다시 반환해준다. 그의 열정이 진심이었어도 그에게 값을 지불하며 수업료를 치르게 하는 그의 스승은 줄타기의 숭고함에 대해서 값을 지불하기를 원했던 것 같다. 필립이 그 모든 과정을 열정적으로 습득해나가는 것을 보며 스승은 수업료를 다시 그에게 돌려준다. 이제 모든 것을 전수했음을 암시한다. 반전 영화에 길들여져 있어서인지 혹시나 그가 저 높은 상공에서 떨어지면 어떻게 하나 조마조마한 마음으로 마지막까지 지켜보아야 했다.

필립은 그의 도전을 예술로 승화하기 위해 무수히 많은 준비 과정을 거쳤다. 스스로의 신분을 숨기고 잠입하기도 하고, 작업자로 변신해서 일반인에게 허락되지 않은 쌍둥이 빌딩에 직접 올라가서 길이와 높이와 가능성에 대해서 연구하고 준비한다. 그리고 드디어 결전의 날 아찔한 쌍둥이 빌딩 사이를 안전장비 없이 건넌다. 가족 모두 손에 땀을 가득 쥐면서 영화를 보았다. 뿌연 안개와 하늘 위를 날아오르는 갈매기로 인해 혹시 필립이 떨어지는 것은 아닌지 떨리는 마음으로 그의 공연을 관람했다. 숨을 멈추고 보았던 장면이 마무리되면서 그제야 한숨 놓는 그 순간, 필립은 다시 하늘 위의 가느다란 한 줄 위로 올라간다. 그리고 조심스럽게 한발씩 내디뎠던 처음과 달리, 그곳에서 눕기도 하고 한 발을 들기도 하며 색다른 무대를 선보인다.

"이제 그만, 제발 그만~!!"

아이들도 나도 외쳤다. 하늘 위를 걷는 아찔한 모습에서 가슴이 조마조마했다. 경찰이 몰려오고 그의 아찔한 예술 공연을 마친 뒤 경찰 손에 이끌려 내려온다. 경찰에 붙잡혀가는 그에게 시민들은 큰 박수를 쳐 준다. 그리고 법원에서 필립에게 아이들 앞에서 공연을 하라는 판결을 내린다.

마지막까지 숨죽여볼 수밖에 없었던 필립의 예술 무대. 이 영화는 한 남자의 열정과 도전, 무수한 실패와 또다시 도전, 끊임없는 준비 과정, 그와 함께한 친구들, 그의 열정을 보아준 스승, 부모의 마음을 모두 느낄 수 있었던 영화였다.

영화를 보며 나만의 명장면은 무엇이었는지 이야기를 나누었다.

"손에 땀을 쥐게 하는 도전, 진정한 예술가로서의 필립이 정말 멋져."

"영화와 다큐멘터리가 완전히 비슷해서 신기했어."

"쌍둥이 빌딩에서의 멋진 예술 공연을 준비한 게 기억에 남아. 연습을 실전처럼 줄을 흔들어보기도 하고, 엄청 많이 떨어지는 모습이 기억에 남아."

"쌍둥이 빌딩에서 날아오르는 갈매기가 가장 아찔했어."

각자의 기억에 남는 명장면이 이렇게 다름을 이야기를 통해서 다시 만난다.

<원더>

이 영화는 네 가족의 시선으로 영화가 진행된다. 남들과 다른 외모로 태어난 어기는 언제나 헬멧으로 얼굴을 가린다. 그런 아들을 바라보는 엄마, 아빠는 10살이 된 아들을 더 큰 세상으로 보내고자 한 발을 내딛는다.

가족이 세계의 전부였던 어기도 용기내서 한 발을 내딛지만, 학교생활의 적응은 쉽지 않다. 동생에게 모든 것을 양보하는 누나 비아의 시선에서도 영화는 다시 그려진다. 이 영화를 온가족이 함께 보며 이야기를 나누었다. 각자의 명장면을 나누는 장면에서 딸의 말에 울컥한 순간이 찾아왔다.

"누나 비아가 나오는 장면은 나도 모르게 눈물이 났어. 어기가 태양인 것처럼 온 집안이 어기를 향해 돌고 있다는 표현도 그렇고…."

같이 눈시울을 붉혔다. 그동안 동생을 향해 있었던 우리 집의 시선을 딸도 느꼈던 것 같아서 마음이 아팠다. 어기가 주인공인 영화이지만, 엄마 아빠가 주인공인 영화였다. 누나 비아가 주인공인 영화였다.

"어쩌면 중요한 건 그걸지도 모른다. 사실 난 평범한 아이가 아닐지도 모른다. 서로 생각을 안다면 깨닫게 될 거다. 평범한 사람은 없다는 걸. 우린 평생에 한 번은 박수 받을 자격이 있음을. 친구들도 내 선생님들도 누나도 늘 곁에 있어 준다. 아빠는 늘 우리를 웃게 해주고, 엄마는 그 무엇도 포기하지 않는다. 특히 나를…."

영화 원더의 명대사를 하나하나 기록했다. 기억하고 싶었다. 마음에 새기고 싶었다. 엄마는 그 무엇도 포기하지 않지만 특히 나를 포기하지 않는다는 어기의 마지막 대사에서 하염없이 눈물이 나왔다. 가족으로 만난 소중한 우리 아이들을 향한 모든 부모의 마음이 바로 그럴 것이다. 절대 포기하지 않는 부모의 마음 말이다.

포기하지 않고 그저 바라보며 곁에 있어 주는 것, 가장 어렵지만 마땅히 견뎌내야 할 부모의 무게이다.

"힘겨운 싸움을 하는 모든 이에게 친절해라. 그 사람이 어떤 사람인지 알고 싶다면 그저 바라보면 된다. 만약 친절과 옳음 사이에서 하나를 선택해야 한다면 친절을 선택하라."

– 영화 〈원더〉 중에서

06

•

•

•

초등인문고전도 하브루타로 도전하라

인문고전 하브루타 『옹고집전』

초등 인문고전 『옹고집전』을 아이들과 자연스럽게 하브루타 대화를 나누었다. 이 책을 하루에 한 챕터씩 함께 읽기 시작했다. 아이들 학교에서 독서교육으로 인문고전 읽기를 하고 있기에 가능했다. 이전에는 독서록 제출 시간에 급급해서 줄거리 요약을 찾아서 읽고 독서록을 썼다. 유튜브의 동영상을 찾아서 줄거리를 익히고 간단히 생각을 정리하는 식으로 '눈 가리고 아웅'이었다. 하브루타를 일상으로 접목한 이후로 같이 직접 책을 읽어보고 생각을 나누는 시간을 가지며 도전하고 실천 중이다.

조선시대 이야기를 읽었지만, 그 속에서 자신의 이야기를 끌어내는 아이들과의 대화 시간이 감사했다. 학대사가 허수아비 도술을 써서 옹고집을 스스로 깨닫게 하는 내용으로 이야기를 나누었다. 빨리 깨닫게 해서 정신 차렸으면 좋았을 텐데 너무 고생하고 깨달은 것 아니냐는 이야기 속에서 아들의 대답이 이러했다.

“내가 마인크래프트를 하루 종일 했었잖아. 근데 그때는 몰랐는데 시간제한이 생기고 나니 좀 생각이 달라졌어. 며칠 전에 누나가 핸드폰 오래 하길래 엄마한테 일렀잖아. 그때 누나 핸드폰 시간 금지돼서 ‘아싸~!’ 했었거든. 근데, 나도 금방 규칙 안 지켜서 게임 금지 당하고 나니 함부로 이르면 안 되겠다는 생각이 들었어. 스스로 해봐야 깨닫는 것 같아.”

워킹맘이기에 아이들이 하루 종일 게임에 노출되어 있던 적이 있었다. 요즘은 아이들과 규칙을 정해서 시간제한을 두었더니 아이들이 지켜가면서 오히려 스스로 깨닫는 것이 있었다. 『옹고집전』에서 현실의 나를 이끌어내는 이 대화가 참 감사했다.

읽기 전 : 규칙 정하기

우리 아들은 밖에서 하루 종일 놀고 와도 집에 와서 심심해하는 아주 외향적인 아들이다. 책보다는 게임과 축구를 더 사랑한다. 하지만, 올해는 독서를 한번 해보자고 이야기를 먼저 나누었다. 작년에는 학기말에 부랴부랴 독서록을 쓰느라고 힘들었으니, 올해는 필독서를 천천히 한번 읽어보자고 이야기를 나누었다. "이 두꺼운 책을 어떻게 읽지?" 책을 펼치기도 전에 지루함을 표현하는 아들에게 한 챕터 분량만 조금씩 읽자고 이야기했다.

읽는 중 : 꾸준히 실천하기 및 목소리 오버하기

한번 시작했다면, 아들의 반응과 상관없이 꾸준함이 생명이다. 아이들은 다시 원점으로 돌아가고자 한다. 그 아이를 지켜보며 엄마도 원점으로 돌아가고 싶어진다. 하지만 꾸준히 실천하는 것이 유일한 방법이다. 재미없는 책일 경우, 더욱 오버하면서 읽는다. 줄글은 엄마가 읽고, 대화체는 아들과 번갈아가며 오버독서를 한다. 아이들에게는 무엇보다 재미가 우선이기 때문이다.

읽은 후 : 자연스러움이 생명, 아이들 생각 메모하기

드디어 『옹고집전』을 마무리하고 아침 식사 시간에 이야기를 나누었다. 정답을 찾기 위한 질문과 대답 시간이 아니기에 아이들도 엄마도 자연스럽게 대화가 가능했다. 등장인물에 대한 질문과 생각을 들으면서 다 기억하지 못하기에 옆에 있던 메모지를 꺼내서 메모하며 들었다. 아들은 메모하는 엄마의 모습이 인상적이었는지, 자신의 이야기를 경청하고 있다고 느꼈는지 더 신이 나서 이야기를 한다. 딸은 곁에서 지켜보더니 "엄마가 하브루타를 배우더니 아주 자연스러워졌어."라고 이야기한다.

아들은 "아, 그래? 난 그런 줄 모르고 아주 재미있었는데…."라고 이야기한다.

『옹고집전』 줄거리

옹진골 옹당촌이라는 곳에 옹고집이라는 사람이 살고 있었다. 그는 성질이 고약해서 풍년을 좋아하지 않고 매사에 고집을 부리며 인색했다. 팔십 노모가 병들어 있어도 돌보지 않는 냉정한 사람이었다. 그때 학대사라는 도승이 옹고집에 대해 알게 되어 하인을 보내 옹고집을 질책하고자 한다. 그런데 하인은 옹고집에게 매만 맞고 돌아간다.

학대사는 이 말을 듣고 옹고집이 스스로 깨닫게 하기 위한 방법을 생각한다. 허수아비를 만들어 부적을 붙이니 옹고집이 하나 더 생겼다. 가짜 옹고집이 진짜 옹고집의 집에 가서 둘이 서로 진짜라고 다투게 된다. 옹고집의 아내와 자식도 누가 진짜 옹고집인지 구분하지 못한다. 결국 가짜 옹고집이 주인 행세를 하고 진짜 옹고집은 쫓겨나 걸식을 하게 된다.

진짜 옹고집은 그 뒤에 온갖 고생을 하며 지난날의 잘못을 뉘우치나, 어쩔 도리가 없어 자살하려고 산중에 들어간다. 그때 학대사를 만나게 된다. 옹고집이 뉘우치고 있는 것을 알고 부적 하나를 주면서 집으로 돌아가게 한다. 집에 돌아가서 그 부적을 던지니, 가짜 옹고집은 허수아비로 변한다. 그러자 진짜 옹고집은 비소로 그동안 도술에 속았다는 것을 안다. 이후 옹고집은 새사람이 되어서 착한 일을 하며 살아간다.

인문고전 하브루타 (아이들과 질문 만들기)

Q. 옹고집은 태어날 때부터 고집쟁이였을까?

– 처음에는 거지였다가 갑자기 돈 많은 사람 된 거 아닐까?(조선 후기 호족에 대한 설명)

– 고집쟁이라기보다 욕심쟁이같이 보이거든. 자기 돈 뺏기기 싫어하는 욕심쟁이.

Q. 학대사는 옹고집과 똑같은 사람을 만들어서 옹고집이 스스로 깨닫게 했는데, 내가 학대사였다면 어떤 방법을 썼을까?

– 잘못을 뉘우칠 때까지 지옥에 가서 살게 한다.

– 선인장 준비하고 밧줄에 묶어 반성하게 한다.

– 곤장을 맞게 한다.

– 큰돈을 얻을 수 있는 부적이라고 속이고 부적을 사게 한 뒤 보호막 부적이 떨어지지 않게 해서 집에 못 가게 하고 스스로 깨닫도록 한다.

– 내가 부모가 된다면 바로 깨닫게 하겠다. 왜냐하면 따끔하게 혼내면

바로 정신 차릴 수 있지 않을까?

Q. 학대사는 왜 오랜 시간을 통해서 옹고집이 스스로 깨닫게 했을까?

– 매를 맞아도 금방 다시 돌아오니까 스스로 깨닫는 것이 중요하다. 핸드폰 사용시간을 지키지 않아서 하루 동안 핸드폰 사용 금지를 당해보니 스스로 깨닫게 되었다. 스스로 깨닫는 것이 중요하다.

– 매를 맞으면 금방 깨닫는 것처럼 보이지만, 하기 싫은 마음이 생긴다. 그러나 스스로 하게 되면 그 마음이 오래간다.

함께 나누어볼 이야기

추후에 아이들과 다시 『옹고집전』에 대한 이야기를 나누게 될 경우, 다음 내용을 추가하면 좋을 것 같아서 질문을 기록한다. 하지만 실제로 아이들과 책 이야기를 나눌 때는 엄마가 무엇을 가르치려는 모습이 보이면 아이들은 그때부터 집중력이 떨어지는 것 같다. 무언가를 가르치고 배우는 자리가 아니라, 이 책에 대한 아이들의 생각을 자연스럽게 들어보는 시간이 가정에서는 필요하다.

Q. 옹고집이라는 인물과 놀부의 비슷한 점은 무엇일까?

Q. 조선 후기 화폐경제가 발달하면서 오직 부를 쌓기에만 급급했던 시기에 대한 풍자의 모습을 발견할 수 있는가?

Q. 이 이야기와 비슷한 이야기는 또 어떤 것이 있을까?(쥐가 사람이 되어 주인을 몰아냈다는 이야기)

Q. 권선징악의 가치관과 불교신앙에 대한 생각 나누기

책날개 보며 다음 책 고르기

평소에 책에 흥미를 보이지 않는 아들이기에 이렇게 긴 책을 어떻게 읽느냐고 한숨부터 내쉬었다. 하지만, 매일 적은 분량을 읽어나가고, 또 그 책의 내용이 재미있다 보니 자연스럽게 책날개를 보며 다음 책을 미리 골라보게 되었다. 아들은 『흥보전』을 골랐다. 우리가 익히 알고 있는 흥부놀부전이 맞는지 궁금해하면서 골랐다. 시작은 학교 필독서였지만, 다음 책은 아들의 흥미를 유발하는 책을 선정하였다.

아이의 호기심을 체험학습으로 연계하기

『옹고집전』에서 『흥보전』으로 이어진 아들의 책 읽기는 "한 냥이 지금 돈으로 하면 얼마나 될까?" 하는 궁금함을 만들었다. 아들의 검색창인 유튜브에 한 냥의 가치를 검색해본다. 아들의 호기심은 자연스럽게 화폐박물관 체험학습으로 이어졌다. 전 세계의 화폐, 시대별 화폐 등 다양하게 시야를 확장하는 시간이었다. 화폐박물관 벽에서 아들의 질문에 대한 답을 찾았다. 인터넷 검색이 아닌 직접 체험하기를 바라며 아들에게 보여주었다.

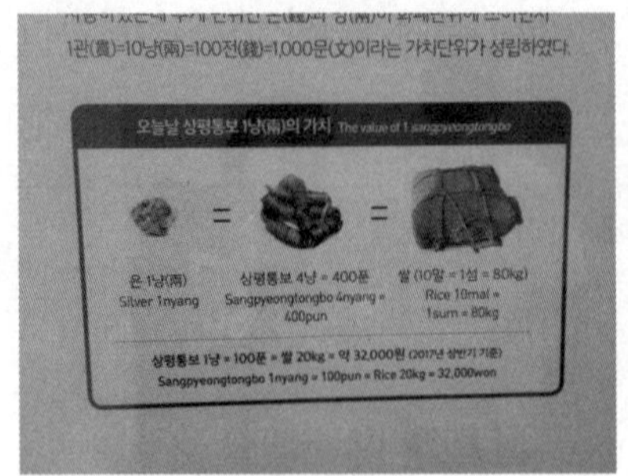

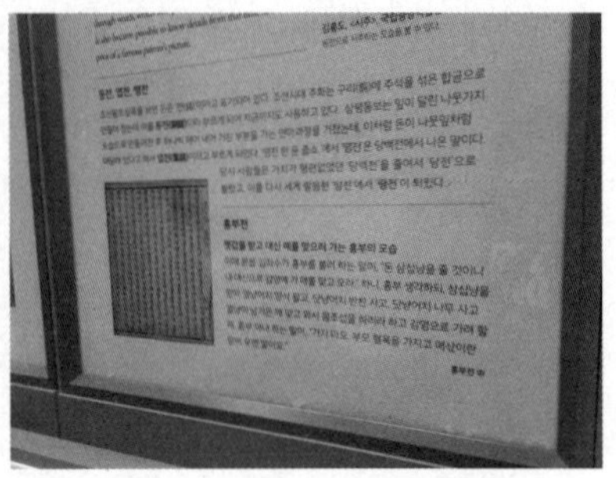

상평통보 1냥 = 100푼 = 쌀 20kg = 약 32,000원 (2017년 상반기 기준)
(2022년에는 쌀 20kg이 4만원~7만원) 출처 : 한국은행 화폐박물관

그런데 이제 아들의 반응이 시큰둥하다. 재미와 흥미가 우선인 아들의 관심사는 끊임없이 변화 중이다. 하지만 스스로 책을 골라보고, 그 속에서 아들의 관심을 지켜보고 함께 체험으로 이어질 수 있었기에 엄마의 자기 효능감은 올라간다. 엄마의 관심을 먹고 자란 아들의 자존감은 자라난다.

인문고전 하브루타 『명심보감』

명심보감은 아이들과 이야기나누기 참 좋은 책이다. 주 1회 명심보감으로 하브루타를 이어간다.

『하루20분 인문고전 읽기혁명』(이아영)에서 얻은 팁으로 '짱 좋은구절'(짱구)를 찾으며 아이들의 생각을 듣는 시간이다. 두꺼운 인문고전책을 어떻게 읽느냐며 볼멘소리를 했지만 '꾸준함'으로 가랑비에 옷 젖듯이 주 1회의 시간을 지키니 대화가 달라졌다.

"25편 끝나면 파티하자."

총 25편으로 이루어진 명심보감이기에 한 주에 한 편씩 나누면 6개월이 걸린다. 주 1회를 지키지 못할 때가 있으니 그 기간은 더 길어진다. 하지만 한 권의 책을 깊이 읽는 시간이다.

"오늘의 짱구(짱 좋은 구절)는?"

짱구와 그 구절을 고른 이유를 들어보는 시간이다. 공책에 기록하며 생각을 남기고 싶었지만, 아이들에게 또 다른 숙제가 될 것 같아서 각자의 명심보감책을 선물했다. 그 책에 자신의 이름을 쓰고, 짱구에 밑줄도 긋고, 좋은 글귀는 따라 써가며 나만의 책으로 활용하는 것이다.

성품, 마음, 효도 등은 참 좋은 주제이지만 막상 아이들과 평소 이야기 나누기에는 따분한 주제와 잔소리로 여겨질 수 있었다. 하지만 명심보감으로 자연스럽게 이야기를 나누니 각자가 중요하게 생각하는 가치와 생각을 엿들을 수 있어서 참 감사한 시간이다.

한 사람이 이야기할 때 다른 사람은 귀 기울이며, 질문을 한 가지 한다. 방금 말한 것 중에서 한 가지 궁금한 것을 되물으면 더 깊이 있는 대화가 가능하다. 화자는 자기 이야기에 집중해서 신나게 이야기하고, 청자는 경청하며 질문거리를 생각하니 윈윈의 시간이다.

『명심보감』 11편 마음을 살펴라_상

36장 솜씨 좋은 사람은 서투른 사람의 종이다.

괴로움은 즐거움의 어머니다.

"솜씨 좋은 사람이 왜 서투른 사람의 종이라는 걸까?"

"음, 도와줄 수 있잖아. 잘하는 사람이 못하는 사람을."

"헬퍼나 섬김을 말하는 것 아닐까? 매니저같이."

"그렇구나. 그럼 괴로움은 즐거움의 어머니라는데, 괴롭지만 기쁜 것이 있어?"

"운동하면 알배기는 건 힘들지만, 근육이 생기는 거!"

"즐거움을 깨닫기 위해서는 괴로움의 시간을 지나야 한다는 거지."

아이들은 이 오래된 명심보감에서 오늘의 나를 발견해간다. 때에 맞는 질문을 찾아내기란 쉽지 않지만, 아이들의 생각과 만나는 이 시간을 꾸준히 이어가고자 한다. 명심보감 반을 지날 때 쯤 책을 펼치며 딸이 한마디 한다.

"참 꾸준히 한다!"

칭찬보다는 조금 퉁명스러운 소리였지만, 딸에게서 나온 '꾸준함'이라는 단어에 나는 웃음이 난다. 사춘기 딸이 아직은 이 활동에 함께해주어서 감사할 따름이다. 때로는 엄마의 확신으로 아이들을 이끌고 갈 때가 필요하다. 지금이 바로 그러하다. 휴대폰을 볼 시간은 있지만, 명심보감을 볼 시간은 없다고 이야기하는 아이들 앞에서 엄마는 확신에 차서 이 활동을 이어간다.

'깊이 생각하고 질문하며 서로의 이야기에 귀 기울이는 이 시간이 앞으로 너희들의 삶에 큰 자산이 될 거야.'

나는 명심보감이 끝나면 논어로 이어갈 것이라고 선포해두었다. 책꽂이에는 4권의 명심보감 옆에 논어 책이 놓여 있다. 이처럼 각 가정에서도 사춘기로 성장해가는 아이들과의 대화를 이어갈 수 있는 우리 집만의 장치를 발견하기 바란다.

『명심보감』 하브루타

1. 1인 1책 : 『명심보감』 개인 책 선물하기
2. 주 1회 한편씩 읽고, 기억에 남는 구절 찾기
3. 경청하며 질문 한가지 이어서 하기

   "그 구절이 기억에 남는 이유는?" "이 단어가 눈에 들어온 이유는?"

   "비슷한 경험이 있었어?"
4. 경청하고 경청하기

   : 어떠한 대답을 하더라도, 서로의 생각을 듣는 자리이기에 충고, 조언, 비교, 판단을 버리고 경청하며 이야기에 집중하기

07

이 벽에 너의 생각을 담아볼까?

하브루타의 의미를 이해했지만, 생활 속에서 자연스럽게 이야기 나누듯이 적용하기가 쉽지 않다. 이때 아이들의 이야기를 자연스럽게 들을 수 있는 한 가지 장치가 바로 '화이트보드'이다. 이미 각 가정에 하나씩 있는 이 '화이트보드'를 활용하는 간단한 방법을 소개한다.

사실 아이들이 가장 두려워하는 순간은 엄마가 좋은 강연을 듣고 온 직후이다. 아직 준비되지 않은 아이들 앞에서 무턱대고 적용하려고 하는 그 순간이 아이들을 두렵게 만든다. 하브루타를 적용해서 아이들의 생각을 듣고 싶은 엄마의 마음은 준비되었지만, 아이들은 하브루타도 또 하나의 공부처럼 여겨진다. 공부의 기술을 하나 더 익히는 시간이 아니라, 아이들과 자연스럽게 이야기 나누는 시간이 되기 위해서 2가지를 활용한다. 첫째, 아이들 관심사 경청하기, 둘째 화이트보드이다.

아이들 관심사 '경청'

매일 밤 딸과 이야기 나눌 때, 휴대폰(노트) 펜이 어둠 속에서도 글을 쓸 수 있는 유용한 노트이다. 딸은 그림을 그리며 하루 일과를 설명한다. 아들은 게임을 설명할 때 가장 요긴하게 사용한다. 대화의 주제는 엄마가 선택하는 것이 아니라, 아이들이 주도하는 것이 핵심이다. BTS, 로블록스, 세븐틴, 배드워즈, 킹피스 등 아이들의 세상은 무궁무진하다.

이 시간은 아이들이 선생님이 되고 엄마는 아이들의 세계를 배우는 학생이 된다. BTS 멤버 7명의 이름을 익히는 데 오랜 시간이 걸렸다. 그런데 세븐틴 멤버는 무려 13명이다. 매일 들어도 매일 새로운 이름이다. 딸은 친절한 세븐틴 선생님이 되어 이름을 설명해준다.

"호시는 호랑이 시선이라는 뜻이야. 무대에서 카리스마 넘치는 눈빛이 호랑이 같아서. 그리고 이름은 권순영. 기억해. 권. 순. 영."

이토록 친절하게 그림까지 그려가며 설명해주니, 호시는 확실히 외웠다.

아들은 배드 워즈에 흠뻑 빠져 있다. 배드 워즈에는 다양한 키트들이 있는데, 각 키트별로 유용한 기능이 있다. 설명을 들어도 금방 까먹는 엄마를 위해 아들은 맞춤형 강의를 한다. 설명을 듣고 보니, 게임 전 키트를 선택하는 것이 어떤 전략으로 게임에 임할 것인가를 생각해볼 수 있었다. 무조건 게임을 싫어했던 내가 아들의 게임 설명을 듣고 있다니, 정말 많이 달라진 점이다.

이렇게 아이들의 관심사를 들어주고 나면 아주, 아주 가끔씩 엄마의 일과도 물어보기도 한다.

"이제 엄마 얘기~ 엄마는 어땠어?"

낮 동안에는 휴대폰, 게임 등 각자의 시간을 보내다가 꼭 잠자기 전에 폭풍 수다가 펼쳐진다. 아이들이 어릴 때는 둘을 동시에 재우느라 참 힘들었다. 재우다가 같이 잠드는 날이 더 많았다. 이제 아이들이 자라고 나니 아이들의 이야기를 들어주느라 취침 시간이 늦어진다. 서로 그만 이야기하고 일찍 자라고 성화이다. 두 아이의 이야기에 엄마의 정보 입력량은 늘 초과 되어 하루 만에 다 사라지고 만다. 하지만, 아이들은 그 시간에 자기 이야기를 하며 살아나고 있음을 매일 밤 실감한다.

식탁 앞의 화이트보드

이렇게 적극적 듣기를 하고 나면, 독서록 숙제로 이어지는 노력이 한결 수월해진다. 아이들이 책을 읽고 내용 정리가 되지 않을 때, 같이 생각그물을 그려보면서 정리한다. 아이가 말하면 열심히 받아 적으며 생각을 정리해준다. 그러면 생각그물을 보며 스스로 독서록을 작성한다. 독서록을 작성하며 스스로 놀란다.

"내가 한 말 맞아?"

화이트보드는 말하기 독서록으로, 생각그물로 이어진다. 교실에서 자리가 바뀐 날은 화이트보드에 교실을 그려서 칠판과 자리의 위치까지 그리며 친절하게 설명하는 시간이 된다. 영어 단어 시험도, 수학문제도, 릴레이 그림 그리기도 화이트보드만 있으면 무엇이든지 가능해진다.

여행에서 만난 칠판

제천 여행 중에 잠시 들렀던 충주 다목적댐 물 문화관에는 전체 벽이 칠판이었다. 다목적댐의 가치와 효용에 대해서 아이들이 관심을 가지기에는 참 어려웠다. 하지만 아이들은 이곳에서 만난 칠판의 매력에 흠뻑 빠졌다. 릴레이 그림 그리기, 속담 맞추기, 자유 그림 그리기를 하며 한참 동안 재미있는 시간을 보냈다. 생각지 못한 곳에서 누리는 여유였다. 아이들과 남편이 신나게 칠판 앞에서 놀 때, 나는 커피를 마시는 여유를 한껏 즐길 수 있었다.

08

•
•
•

우리 집만의 명언을 찾아라

"지켜보입시더."

"도전!"

"난 소중해."

"사랑하는 딸이."

"사랑하는 아들이."

지나온 시간을 돌아보며, 우리 집 명언은 뭐가 있는지 이야기를 나누었다. 나의 어린 시절을 떠올리면, 엄마는 늘 이 말씀을 하셨다.

"크느라고 그런다. 다 크느라고 그런다."

성장하면서 겪는 크고 작은 일들에 대한 엄마의 대처 방식은 언제나 이 한 문장으로 대변되었다. 아이들에게 엄마의 추억 문장을 이야기하며 아이들이 지나온 시간 동안 어떤 문장이 남아 있는지 궁금해서 물어보았다.

"나는 굿닥터 할아버지 의사 선생님 말씀이 기억나."

"아, 그래? 뭐였지?"

"지켜보입시더."

초보 육아맘 시절, 열만 나면 병원으로 달려가던 때였다. 예방적 항생제를 먹으며 지켜보고 있던 중이었기에 언제나 노심초사하던 초보맘이었다. 그런 나를 보며 굿닥터 선생님은 언제나 이렇게 말씀해주셨다.

"지켜보입시더."

처음 그 이야기를 들었을 때는 아무런 조치도 없이 지켜보자는 것인가 답답했었다. 하지만, 육아의 터널을 어느 정도 지나오고 있는 지금 정말 명언임에 틀림이 없다.

아이들 발에 생겼던 사마귀도 어느 날 갑자기 사라졌다. 성장통으로 겪는 무릎 통증도 하루 이틀 지켜보면 좋아지는 경우가 많다. 당장 눈앞에 보이는 문제들이 크게 느껴지고, 해결해야만 할 것은 압박감에 시달리게 될 때 이 문장을 생각하며 한 박자 쉬게 되었다.

"엄마, 굿닥터 할아버지 건강하시겠지? 나중에 만나러 가자."

이사를 오면서 뵙지 못한 굿닥터 할아버지가 보고 싶다며 이야기를 나누었다. 아들의 추억 속 명언을 알게 되었다.

딸이 생각하는 우리 집 명언은 바로 이것이다.

"난 소중한 사람이야. 사랑하는 딸이 배가 고프네."

사춘기에 접어든 딸이 마음과 다르게 거친 표현들이 나올 때가 있다. 그럴 때마다 웃으며 한 이야기가 바로 이 말이었다.

"나, 우리 엄마가 소중하다고 한 사람이야."

"으이구, 정말 맨날 소중하대."

아이들 귀에 딱지가 앉을 정도로 매일 반복했던 말이기도 하다. 나 스스로에게도 아이들에게도 남겨주고 싶은 문장이기 때문이다. 스스로를 소중히 여기는 마음은 상대를 바라보는 눈도 소중하게 만들어준다. 소중한 내가 소중한 이웃을 존중할 수 있기에 딸의 명언도 오래도록 전해주고 싶은 문장이었다.

내가 우리 집에서 가장 많이 하는 말이 무엇인지 살펴보았다.

"누가 한 거지?"

나도 모르게 누가한 것인지 잘잘못을 따지는 말투가 입에 배어 있었다. 그동안은 나의 말투가 어떤지 크게 생각하지 못했는데, 어느 순간 내

말투에 변화가 필요함을 느끼게 되었다. 나의 말투는 그대로 아이들에게 전달이 된다. 하루 중 가장 많이 하는 말이 무엇인지, 내가 우리 아이들에게 전해주고 싶은 소중한 말은 무엇인지 생각해보는 시간을 꼭 가지기 바란다.

온가족 원워드 찾기

연말에는 가족이 함께 시간을 보낸다. 1년 동안 기억에 남는 일 BEST5를 기록해보는 시간이다. 서로 다른 기억으로 남아 있는 한 해를 살펴볼 수 있다. 가족의 이야기에 귀 기울이며 잊었던 추억을 소환하기도 한다. 여행 속 웃겼던 기억에 함께 웃고, 속상했던 이야기에 귀 기울인다. 이제는 친구들과의 추억을 더 많이 떠올리는 아이들을 보며 또래 안에서 에너지를 채워나가는 아이들로 성장했음에 기특하기도 하다.

그렇게 한 해를 돌아본 후, 새해 드림보드를 작성한다. 생생하게 꿈꾸는 것이 이루어지기에 건강, 여행, 취미, 마음가짐, 직장(학업)으로 영역을 나누어 이루고 싶은 것을 적어본다. 실제로 번지점프하기를 드림보드에 적은 아들은 완강기 체험으로 그 꿈을 이루었다. 제주도 여행을 꿈꾸었던 딸 덕분에 3대가 함께 하는 제주도 여행을 하게 되었다. 나 역시 출간작가를 꿈꾸었는데, 그 꿈을 이루어냈다. 한 해를 돌아보며 이루어낸 것과 아쉬웠던 것을 이야기하고 새해의 드림보드를 작성한다.

마무리는 '원워드(One Word)' 발견하기이다. 1년 동안 내가 계속 간직하고 기억해야 할 한 단어를 찾아보는 시간이다. 좋아하는 글귀, 명언집, 버츄카드 등을 활용해서 스스로 한 단어를 정해본다. 그리고 흰 종이에 원워드를 써보고 자기만의 디자인으로 꾸며보는 시간을 가진다. 가장 잘 보이는 거실 벽에 온가족 원워드와 드림보드를 붙여두었다. 처음에는 이런 활동을 귀찮아했지만, 직접 성취해보니 올해는 좀 더 자연스러워졌다. '왜 하는 거야?'에서 '당연히 하는 것'으로 바뀌어가고 있다. 그 비결은 바로 꾸준함이다.

09

•
•
•

여행지는 내가 정하는 맛이지

미로공원 '실패해도 괜찮아. 다시 출발'

제주도 가족여행을 떠났을 때, 아이들에게 제주도에서 꼭 가고 싶은 곳이 어디인지 이야기를 나누었다. 제주도의 명소를 함께 살펴보는데, 아이들은 주저 없이 미로공원을 선택했다.

"미로 공원이 가고 싶었어?"

"응, 허팝이 미로공원에 갔었거든."

이유는 아주 단순했다. 유튜버 허팝이 제주도 여행에서 다녀왔다는 미로공원이 선택되었다. 무더운 날씨에 도착한 미로공원은 뙤약볕이 내리

쬐고 있었다. 하지만, 아이들이 원하는 장소에 도착했기에 적극적으로 참여하는 모습을 보였다.

출발지점에서 시작해서 구불구불 미로를 헤매고 나왔는데 도착해보니 신기하게도 다시 원점으로 돌아왔다. 출발지점에는 이런 문구가 적혀 있었다.

"실패해도 괜찮아. 다시 출발!"

"그래, 다시 출발이야."

출발지점에서 두 갈래 길을 만났다. 이번에는 다른 곳으로 출발했지만 도착점은 역시나 출발지였다. 세 번, 네 번의 반복에 아이들도 어른들도 조금은 지칠 때쯤 종소리가 울렸다.

"우와! 도착했어. (댕 댕 댕)"

미로공원을 울려 퍼지는 종소리는 부러움을 한눈에 받았다. 분명 목적지가 눈앞에 보이는데 어른 키 높이의 미로는 한 치 앞을 내다볼 수가 없도록 막혀 있었다. 처음에는 목적지를 향해서만 달리던 아이들이 모두 같은 모습의 미로 공원에서 주변을 탐색하기 시작했다. 잠자고 있는 고양이를 발견하고, 나무 모양의 차이를 발견하고, 장식품을 발견하고, 스탬프 미션을 찾아가며 새로운 항해가 시작되었다. 먼저 도착한 이의 종소리는 뒤따라가는 이들의 등대가 되어 다시 나아갈 길을 안내해주었다.

"포기하자. 어떻게 가는 거야? 정말 모르겠어."

유치원생부터, 중고등학생, 어른에 이르기까지 많은 사람들이 좁은 미로에서 헤매고 있었다. 아마도 모두 같은 마음이었을 것이다. 포기하는 마음이 들 때쯤 또 종소리가 울렸다.

"댕 댕 댕."

들려오는 종소리에 다시 힘을 내며 막힌 길을 찾아가고 있는데 아들이 사라졌다. 그 후, 울려 퍼지는 종소리와 함께 아들 목소리가 들렸다.

"엄마, 여기 여기! 거기서 오른쪽으로 난 길로 돌아오면 길이 있어."

먼저 종을 울린 아들의 인도를 받으며 미션을 완료했다. 미로 공원에서의 종소리는 엄마의 자리를 만나게 해주었다. 항상 내가 먼저 길을 밝혀주어야 한다고 생각했는데, 아이들이 원했던 여행지에서는 아이들이 주인공이 되어 길을 개척해나갔다. 아이들의 도움을 받으며 미로공원을 빠져나올 수 있었다. 엄마만이 등대가 되는 것이 아니라, 각자의 영역에서 때로는 아이들이, 때로는 부모님이 등대 역할을 해줄 수 있는 유연한 사고를 배우는 시간이었다.

"역시 여행 장소는 내가 정하는 맛이지."

안전체험관 "여기는 짐을 두는 곳이 아니야."

방학을 맞이해서 체험활동을 알아보고 있었다. 마침 가까운 곳에 안전체험관이 있어서 체험 예약을 아이들과 함께 했다. 이 안전 체험관은 나의 운전실력 부족으로 길을 잘못 들어서 헤매다가 만난 곳이기도 하다. 집에까지 돌아오는 길이 한참 돌아서 왔지만, 그 덕분에 알게 된 곳이었다.

“오, 여기 이런 곳이 있었구나. 다음에 예약해서 꼭 오자.”

아이들과 약속하며 잘못 들린 곳에서 맛있는 간식을 사 먹으며 돌아왔던 기억이 있다.

“여기는 생활 안전, 재난 안전, 교통안전, 야외 생활 안전, 응급처치를 배울 수 있는 곳이래. 어떤 체험을 해보고 싶어?”

“나는 생활 안전, 거기에 완강기 체험이 있어. 완전 번지점프야. 번지점프 하고 싶었는데.”

연초에 가족이 함께 만들었던 드림 보드에 적혀 있는 번지점프하기까 이루어지는 순간이었다. 1년 중에 꼭 이루고 싶은 것을 적어보는 시간이었는데, 아들은 ‘번지점프 낚시, 여행, 귀신의 집’ 등을 체험하는 것을 원했다. 딸은 고학년이 되면서 학업, 여행, K-pop 등 관심 분야가 아들과 확연히 달라졌다. 드림보드를 적어보는 것으로도 아이들의 관심사를 이해할 수 있는 시간이었다.

아들의 ‘번지점프’ 소원이 이루어지는 날, 온 가족이 함께 완강기 체험을 하게 되었다. 가족 단위로 함께 체험을 온 가족이 많았다. 생활 속에서 무심코 지나칠 수 있는 안전사고에 대해서 설명도 들었다. 체험장은 초등학생들이 직접 체험해볼 수 있도록 구성되었다. 막상 아파트 2층 높이로 올라가니 무섭기도 했다. 신나게 뛰어내린 아들, 무서웠지만 도전해본 딸, 아이들 덕분에 함께 체험하게 된 엄마, 아빠였다. 유익했던 시간을 마치고 돌아오는 차 안에서 이야기를 나누었다.

"완강기 체험 어땠어?"

"정말 재미있었어."

"좀 무서웠어. 손을 놓기가 무섭더라고, 떨어질 것 같아서."

"암벽등반 했을 때랑 달랐어?"

"암벽등반은 놀이하러 간 것 같았는데, 완강기는 탈출해야 하니까 좀 무서웠어."

"맞아. 손을 떼어야 안전하게 내려올 수 있는데 그 손을 못 놓겠더라고."

"맞아, 맞아. 그냥 놓으면 되는데 그게 안 되더라고."

집에 돌아오자마자, 엘리베이터 번호, 승강기 안전, 소화기 위치 확인, 완강기 위치 확인을 했다. 먼지가 뽀얗게 쌓인 완강기를 아이들 덕분에 처음 꺼내보았다. 완강기 체험을 하지 않았다면, 한번 꺼내볼 생각도 못했을 것 같다. 그리고 아들의 잔소리를 들었다.

"엄마, 이곳은 짐을 두면 안 되는 곳이야."

"응, 맞아. 짐을 두면 안 되지."

머쓱하게 머리를 긁적이며 비상구 앞을 깨끗이 치웠다. 매일이 아이들에게 배우는 시간이다.

10

감사를 온전히 누려라, 레디 액션!

매주 감사 제목 나누기

가정의 중심을 잡는 것이 무엇이 있을까? 유대인은 오랜 세월을 통해서 탈무드와 토라를 이야기하고, 자녀와의 대화를 중심으로 하는 하브루타를 실천해 오고 있다. 그 중심에는 탈무드와 토라가 있다. 그렇다면 우리 가정의 중심에는 무엇을 두어야 할지 고민의 시간을 가졌다. 하베르인 남편과의 열띤 대화를 통해서 우리 가정의 중심을 바로잡고, 양육의 방향을 다잡는 시간을 보낸 후 지금까지 잘 지켜지고 있는 것이 바로 '레디 액션(감사 나눔)'시간이다. 아이들은 『레디 액션』 책 속에 수록된 가족

놀이가 재미있어서 이 시간을 지키지만, 부모인 우리는 이 시간을 통해서 아이들의 감사 제목을 들을 수 있기에 매주 지켜나가고 있다.

감사의 힘은 이미 많은 분이 삶 속에서 체험하고 있다. 감사 일기, 평생 감사, 감사 편지쓰기 등 다양한 형태로 감사를 이어가고 있다. 잠자기 전 감사 나누기, 식사 전 감사 나누기, 감사 저금통을 만들어서 감사한 일 저장하기 등 다양한 시도를 해보았다. 그 과정을 통해 자리 잡은 주 1회 감사 나눔은 오래도록 지켜나가고 싶은 시간이다. 주 1회 가족만의 시간을 정하고, 레디 액션을 펼치고 놀이가 시작된다. 때로는 놀이가 주인공이 되기도 하고, 때로는 감사 제목이 주인공이 되기도 한다. 비록 짧은 시간이지만, 생활 속에서 경험한 감사를 나눌 수 있기에 더욱 감사한 시간이다.

감사는 저절로 생기지 않는다. 꾸준히 감사를 훈련하는 시간이 필요하다. 어린 시절 신나게 자전거 페달을 밟던 순간을 떠올려 보자. 넘어져서 무릎에 피가 나기도 하고, 핸들을 잘못 꺾어서 벽에 부딪혔던 그 시간이 자전거와 친해지는 시간이었다. 그런 시간이 쌓이고 나면, 이내 손을 놓고 자전거를 타며 의기양양한 모습을 보인다. 그때의 짜릿함이란 자전거를 타본 사람이라면 모두 공감할 것이다. 무릎의 상처를 툭툭 털고 다시 자전거를 타러 나가는 이유는 그 시간이 즐겁기 때문이다. 다시 타 볼

만하기 때문이다. 바람을 느끼며 달리는 그 시간이 좋기 때문이다. 아이들과의 감사 나눔 시간도 이러해야 한다. 또 하고 싶을 만큼 즐거워야 한다.

하브루타 자존감과 감사는 어떤 연결고리가 있을까? 하브루타를 통해 아이와의 대화가 살아나고 감사를 통해서 한 주간의 일을 떠올려본다.

"다리가 아팠는데 마침 태권도가 쉬어서 감사해."

"웃을 수 있어서 감사해."

"새잎을 발견해서 감사해."

"독감 주사 맞고 예방할 수 있어서 감사해."

"병원에서 다솜이(반려 고양이)가 칭찬 들었는데, 내 기분까지 좋아져서 감사해."

무심코 지나쳤던 순간이 감사였음을 고백하는 아이들을 보며 엄마는 생각에 잠긴다. 감사 나눔이 숙제가 되지 않고 삶으로 전해지기를 소망한다. 삶 속에서 발견하는 그 감사의 힘은 아이의 삶에서 튼튼하게 뿌리내린다. 감사를 발견하면 할수록, 나의 삶이 더욱 풍성해짐을 경험한다. 감사가 쌓이면서 내면의 자존감도 함께 성장한다. 내 삶을 더욱 존중하며 자신과 주변을 귀히 여기는 아이로 자라난다. 이것이 감사가 자존감으로 이어지는 비밀이다. 이처럼 가정에서 주 1회로 꾸준히 오래도록 이어갈 수 있는 우리 집만의 '레디 액션'을 꼭 생각해보기 바란다.

페이스북의 창시자 마크 저커버그는 이런 말을 했다.

"뜨거운 열정보다 중요한 것은 지속적인 열정이다."

여기서 말하는 지속적인 열정이 바로 '꾸준함'이다. 지속해 나가는 힘은 혼자가 아니라 함께할 때 가능하다. 서로의 이야기에 귀 기울이며 함께 하는 시간이 바로 하브루타이다. 분주한 일상에서 멈추어서 아이들의 눈을 바라보며, 아이들의 생각을 들어주는 시간이 바로 하브루타이다. 엄마도 아이가 되어 보고, 아이도 엄마가 되어 서로의 입장을 생각해보는 시간이 하브루타이다.

이 시간 속에서 감사가 회복된다. 조용히 귀 기울이는 가족의 몸짓에, 눈빛에, 그 미소에 아이들의 자존감이 함께 자란다.

일상에서 감사를 발견하는 눈은 생활 속에 숨겨진 보물을 보는 눈이다. 남들이 보지 못하는, 오로지 나만이 발견하는 감사 제목은 감사 보물이 되어 돌아온다.

이 책을 덮은 후, 감사를 온전히 누리는

아이와 부모님이 되기를 소망한다. 레디 액션!

에필로그

엄마는 왜 하브루타 해?

"얘들아, 엄마 숙제 좀 도와줘."

하브루타를 시작하며 자연스럽게 아이들에게 도움 요청을 하게 되었다. 그림동화, 전래동화, 탈무드에서 30개씩 질문 만들기 숙제를 할 때면 아이들이 큰 도움이 되었다.

"오호, 그런 질문도 생각할 수 있구나."

"엄마, 우리가 도움이 되고 있어?"

"그럼, 그럼. 엄마 숙제 도와줘서 고마워."

엄마에게 기여하고자 하는 아이들의 마음이 오롯이 전해지는 순간이다.

가끔씩 끊임없이 이어지는 질문 앞에 "지금 하브루타 하는 거야?"라며 불편한 기색을 보이기도 한다. 아이의 상황에 대한 관찰과 관심이 기반이 되어야 활발한 의사소통도 가능하다. 무턱대고 질문하며 생각을 들으려고 하면 아이들은 저만치 도망간다.

아이와 신나게 이야기를 나누고 있었다. 주제는 아들의 관심사인 우주에 관한 이야기였다. 잘 모르는 우주 영역에 대해서 귀 기울이다가 한 가지씩 궁금한 점을 물어보며 경청하고 있었다. 나를 한참 물끄러미 바라보던 아들이 묻는다.

"근데 엄마는 왜 하브루타 해?"

"응, 네 얘기가 궁금해서. 우리 아들이랑 이야기하고 싶어서."

"나랑 얘기하고 싶어서 하브루타를 한다고?"

"응, 엄마는 네 생각이 궁금하거든."

나에게 하브루타는 아이들과의 소통이다. 나의 생각이 옳다고 강요하는 일방통행이 아니라, 양방향 통행이 가능하게 하는 통로가 바로 하브루타이다. 말하기 전에 아이의 표정을 살피고, 질문을 하기 전에 아이의 관심사에 먼저 관심을 기울이게 된 것이 가장 큰 변화이다.

엄마의 자리를 찾고자 고민했던 지난 시간은 나에게 하브루타를 만나게 해주었다. 한 가지의 답이 아니라, 무수히 많은 길 중에서 가장 나다운, 나만의 해답을 찾아 나서는 길을 안내했다. 아이들에게 무조건적인 희생을 강요하는 자리가 엄마의 자리가 아니라, 든든한 버팀목으로 그 자리를 지켜줄 수 있는 자리가 엄마의 자리임을 알게 되었다. 든든한 버팀목이 되어준 엄마 곁에 아이들이 다가온다. 나무 그늘에서 쉬기도 하고, 나무를 둘러보며 안정감을 누린다. 때로는 뜨거운 태양 아래에서 친구들과 땀을 흘리며 노느라 엄마에게 눈길 한번 주지 않을 때도 있다. 하지만, 언제나처럼 다시 나무 그늘 아래로 돌아오는 아이들을 지켜보았다. 언제나 변함없이 그 자리를 지켜주는 든든한 버팀목이 나의 자리임을 어렴풋이 알아간다.

아이가 한포진에 괴로워할 때도, 팔이 부러져서 수술을 할 때도, 음식을 삼킬 수 없었을 때에도 내가 할 수 있는 것이 없어서 안타까웠다. 연고를 발라주고, 음식을 먹여주고, 같이 시간을 보내주는 것이 내가 할 수 있는 전부였다. 어떤 일을 겪더라도 묵묵히 그 자리를 지켜주며, 미소 지어주면 아이는 안정감을 찾고 스스로의 힘으로 다시 일어나서 걷기 시작한다. 또다시 자기만의 길을 떠나 신나게 놀다가 그늘을 찾아서 내 품에 들어온다.

엄마의 자리는 든든한 버팀목이다. 그리고 아이의 삶을 향한 믿음의 시선을 가지는 자리이다. 아이들이 떠나는 인생의 항해에서 불빛이 되어주는 등대, 그 등대와 같은 버팀목이 엄마의 자리임을 하브루타를 통해서 알았다.

이 책이 나와 같이 엄마의 자리를 찾아서 방황하는 초보 엄마들에게 희미한 등대 불빛이 되기를 바란다. 그리고 그 첫발을 내디딘 엄마들이 '나만의 엄마 자리'를 찾아가기를 소망한다.

감사의 글

『하브루타 자존감 수업』이 출간되기까지 아낌없는 격려를 보내주신 분들께 감사의 마음을 전합니다.

"10년 공들이면 100년이 행복해요." 하브루타를 삶으로 보여주신 김금선 소장님
섬세하게 세심하게 코치해주신 임성실 부이사장님
늘 기억하며 기도로 함께해주신 박춘광 목사님과 박은희 사모님
"잘 될 궁리만 하시고, 사랑 많이 주세요."라고 격려해주신 김명숙 교장 선생님
내 스토리가 가진 매력을 믿고 한 걸음 내딛게 해주신 밀알샘
언제나 긍정에너지로 동기부여해주신 미미쌤
오늘도 감사히 나누는 비전을 경험하게 해주신 오감나비님
매주 수요일 밤늦도록 서로를 일깨워준 하브루타 동기들
토요일 새벽을 깨우며 성장에너지를 나눈 자기경영노트 멤버들
출간을 머뭇거릴 때 "안 할 이유가 뭐죠?"라고 되물어준 하베르 수연님
스스로의 성장시간이었음을 깨닫게 해주신 비저너리 제이진님
글쓰기의 참맛을 느끼게 해주신 빛나는 나현샘
따뜻한 원고를 발견했다고 말씀해주신 미다스북스 출판사
블로그 〈글로 만나는 시간〉을 방문해주신 이웃님들
어떤 이야기든 따뜻하게 귀 기울여주신 김현숙 순장님
자녀를 향한 신뢰의 눈빛을 깨닫게 해주신 전경은 선생님
항상 믿음직한 딸로 보아주신 부모님
지나온 시간 가운데 언제나 큰 힘이 되어주신 시부모님
매 순간 함께하며 사랑의 의미를 깨닫게해준 사랑하는 딸과 아들
밤늦은 시간까지 온전히 집중할 수 있도록 전담마크해준 남편

항상 중심을 잡을 수 있도록 마음을 지켜주시며
새롭게 도전할 수 있는 용기와 지혜를 주신 주님

감사드립니다.